KB078834

초보에서 실무까지

PLC 기초와 응용

최선욱 편저

일진사

머리말

　PLC(programmable logic controller)는 디지털 또는 아날로그 입출력 모듈을 통하여 로직, 시퀀싱, 타이밍, 카운팅, 연산과 같은 특수한 기능을 수행하기 위하여 프로그램 가능한 메모리를 사용하고 여러 종류의 기계나 프로세서를 제어하는 디지털 동작의 전자 장치를 말한다. 오늘날 설비의 자동화와 고능률화의 요구에 따라 PLC의 적용 범위는 확대되고 있다. 특히 공장 자동화와 FMS(flexible manufacturing system)에 따른 PLC의 요구는 과거 중규모 이상의 릴레이 제어반 대체 효과에서 현재 고기능화, 고속화의 추세로 소규모 공작 기계에서 대규모 시스템 설비에 이르기까지 적용되고 있다.

　회사에서 직원들에게 PLC 관련 교육을 하면서 절실히 느낀 점은 남을 가르치려면 스스로 많은 지식을 알고 있어야 한다는 것이다. PLC를 좀 더 심층적으로 공부하기 위하여 인터넷 PLC 카페(http://cafe.naver.com/choisunuk29)를 만들어 회원들의 학습에 실질적으로 도움이 될 수 있도록 많은 노력을 하였다. 그 결과 카페에서 공부하는 분들의 호응에 힘입어 이 책을 발간하게 되었다.

　이 책은 사내 강의 활동을 통해 얻은 노하우를 살려 PLC 초보자도 쉽게 익히고 따라할 수 있도록 구성하였다. 첫째, 각 명령어의 개념을 완전히 이해하고, 그 개념을 토대로 많은 예제를 실습하여 체계적인 학습을 할 수 있도록 하였다. 둘째, PLC 관련 공부를 하는 학생과 산업 현장에서 PLC 프로그래밍 초보자들이 꼭 알아 두어야 할 기초 개념 및 실무 이론을 알기 쉽게 설명하였다. 셋째, PLC 명령어를 초급, 중급, 고급으로 나누어 단계별로 배울 수 있도록 하였으며, 특히 실무에 필요한 명령어를 골라 확실하게 운용할 수 있도록 하였다.

　이 책은 PLC에 대해 전혀 모르는 사람도 A, B접점부터 시작하여 자기유지를 배우며 나중에는 스스로 PLC 프로그래밍과 결선을 할 수 있도록 쉽고 자세하게 설명되어 있어 PLC 초보자와 실무자 모두에게 큰 도움이 될 것이라 확신한다. 끝으로 이 책이 나오기까지 많은 도움을 준 영우냉동식품(주)의 모든 직원분들께 고마운 마음을 전하며, 아울러 출판에 힘써 주신 도서출판 일진사 여러분께 감사드린다.

최선욱(choisunuk29@gmail.com) 씀

차 례

Part >> 1 초급 명령어

1 PLC란 ·· 7
2 스위칭 동작 ·· 9
3 A접점, B접점 ··· 10
4 PLC 프로그램 설치하기 ···················· 12
5 디바이스 순서 ······································ 19
6 A, B접점 / 출력 입력하기 ················· 24
7 자기유지-1 ·· 32
8 자기유지-2 ·· 37
9 보조 릴레이 M 명령어 ························ 42
10 인터록 ··· 46
11 타이머 ··· 51
12 SET, RST ·· 60
13 삼로 스위치 ··· 65
14 PLC 프로그래밍 수정 및 글자넣기 ····· 69
15 카운터 ··· 72
16 컴퓨터와 PLC 통신 ···························· 84

Part >> 2 중급 명령어

1 D 명령 ··· 93
2 TOFF 명령 ·· 101

3 TRTG 명령 ··· 103

4 CTUD 명령 ··· 104

5 MCS, MCSCLR 명령-1 ································ 105

6 MCS, MCSCLR 명령-2 ································ 107

7 특수 릴레이 ··· 111

8 TMR 명령 ·· 114

9 S 명령-1 ·· 115

10 S 명령-2 ·· 118

Part >> 3 PLC 결선

1 릴레이 ··· 123

2 AC, DC ·· 129

3 PLC 전원 연결하기 ······································ 131

4 입력 공통(COM) 연결 ································· 134

5 입력 연결 ·· 139

6 출력 공통 연결 ··· 143

7 출력 연결 ·· 146

8 PLC 결선 복습하기 ····································· 149

9 실린더와 솔밸브 ··· 159

Part >> 4 기초 고급 명령어

1 10진수의 16진수 변환 ································· 249

2 데이터의 ON, OFF ······································ 254

3   2진수의 10진수 변환 ································ 255

4   2진수 → 16진수, 16진수 → 2진수 ············ 258

5   2진수와 접점 ······································ 262

6   MOV 명령 ··· 264

7   2진수의 덧셈 ······································ 268

8   데이터 레지스터리 D 사용 ······················· 271

9   INC 명령 ·· 274

10 기호 명령어 (< , > , =) ······················ 276

11 BSFT 명령어 ······································ 278

12 CMP 명령 ··· 285

13 BCD 명령 (2진화 10진수) ······················· 286

14 BIN 명령 ·· 288

15 물탱크 수위 조절 예제 ··························· 289

16 PLC 프로그래밍 인쇄하기 ······················· 293

Part 1 >>>
초급 명령어

1 PLC란

① 아래의 사진은 전기 판넬(패널)에서 릴레이, 타이머, 카운터, MC 등 PLC를 사용하지 않고 제작한 컨트롤 판넬이다.

다음과 같이 PLC를 사용하지 않고 동작시키는 것을 릴레이 제어라고 한다.

릴레이 제어는 시퀀스 제어라고도 한다.

② 아래의 사진은 1번 사진의 릴레이 제어 판넬을 PLC 제어로 변경한 것이다. 사진에 표시한 부분이 PLC이다. 기종은 LS산전의 MASTER-K200S이다.

PLC이다.

③ 릴레이 제어는 비교적 간단한 설비 구동 시 저렴한 가격으로 제어할 수 있어 좋지만 추가 디바이스(device) 확장 시에는 판넬의 부피가 커지고 전기선을 다시 연결해야 하고 제거되어야 하므로 작업이 번거롭고, 오래 걸린다.
반대로 PLC 제어일 경우는 PLC 카드를 추가로 사용하여 아주 간단하게 확장시킬 수 있다.
릴레이 제어(시퀀스 제어)의 고장 시에는 원인을 찾기 힘들고 또 뒤처리가 번거롭다. 반대로 PLC 제어는 에러 발견 및 조치가 아주 간편하다.

PLC는 릴레이 제어의 문제점이었던 설비, 디바이스가 많아질수록 컨트롤하는 판넬 부피가 커지고, 판넬이 클수록 에러 조치 및 확장이 어려운 것을 간단하게 대체할 수 있다.

PLC는 programmable logic controller의 약자로, 프로그램 제어가 가능하도록 한 자율성이 높은 제어 장치를 말한다. 이 책에서는 이론적인 부분은 최대한 생략하고 현장에서 설비 관련 일을 하는 사람들이나 아니면 전혀 모르는 사람들이 PLC를 아주 빠르게 실무에 적용할 수 있도록 실무를 통해 경험했던 내용을 위주로 구성하였다.

2 스위칭 동작

1 다음 내용은 초등학교 또는 중학교 때 과학이나 기술 시간에 배운 것이다. 아래의 그림을 보면, 현재 램프에 불이 들어오지 않고 있는 것을 알 수 있다. 그것은 스위치가 아직 붙어 있지 않기 때문이다. 하지만 여기서 아주 중요한 것이 있다.

콘센트에서 전기선이 두 가닥이 나가고 있고 이 중 1개는 스위치로, 나머지 1개는 램프로 들어가고 있는데 중요한 것은 램프에 전기 1개가 계속 흘러 들어가고 있는 것이다.

대부분의 전기 기기(모터 등 제외)는 **전기(전원) 2개가 들어가야 동작을 한다.**

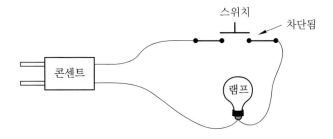

2 다음 그림에서는 램프에 전기 1개가 들어가고 있는데 스위치가 가로 막고 있어서 나머지 전기가 못 들어가고 있다. 이때 스위치를 누르면 스위치가 붙어 나머지 전기가 스위치를 통과해서 램프가 동작하게 된다.

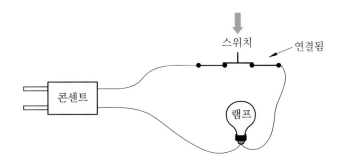

3 위의 내용에서 설명한 것은 전기의 동작 기본인 **스위칭 동작**이다. 릴레이 제어, PLC 제어 등등 모든 전기 컨트롤 동작은 이 스위칭 동작을 기본으로 움직이는 것이다. 이제 스위칭 동작이 얼마나 많이 있느냐에 따라 시퀀스 판넬이 커지고 작아지는 것이며, PLC의 카드가 늘어나고 줄어들게 되는 것이다.

3 A접점, B접점

1 다음은 아주 중요한 내용이다. 기계 관리하는 사람들 중에 설비가 전기적으로 고장나면 전기 기사들이 와서 수리할 때 A접점이 어떻고 B접점이 어떻고 하는 이야기를 대충 들어보았을 것이다. 바로 그 내용이다.

2 다음 그림은 A접점의 평상시 상태이다.

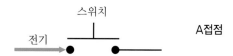

이때 스위치를 누르면 그림과 같이 전기가 **통과**하게 된다.

3 다음 그림은 B접점의 평상시 상태이다.

이때 스위치를 누르면 그림과 같이 전기가 **차단**된다.

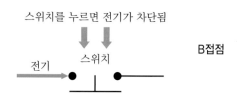

4 A접점은 평상시에는 전기가 대기중 상태에서 → 스위치를 누르면 다리가 연결되어 전기가 흐르는 것이고, B접점은 평상시에는 전기가 흐르는 상태에서 → 스위치를 누르면 다리가 끊어져 전기가 차단되는 것이다.

우리가 일상생활에서 사용하는 키보드, 마우스 버튼, 형광등 스위치, 자판기 스위치 등등 대부분이 A접점 스위치를 사용하고 있다.

B접점은 일상생활에서는 잘 볼 수 없지만, 설비에서 비상 정지 스위치, MC, 릴레이 등등에서 볼 수 있다.

A접점은 평상시 열린 접점, normal open, no(엔오), B접점은 평상시 닫힌 접점, normal close, nc(엔씨) 등으로 말한다.

4 PLC 프로그램 설치하기

① 그럼, PLC에 대해 알아보기 전에 먼저 PLC 프로그램을 컴퓨터에 다운받아 실습해 보자.

② 포털 검색 사이트에서 'LS산전'을 입력하고 [검색]을 클릭한다.

③ 바로가기의 'LS산전'을 클릭한다.

④ 클릭하여 다음과 같은 화면이 나오면 [고객지원] → [Download 자료실]을 클릭한다.

⑤ 아래의 화면이 나오면 kgl을 입력한 후 [검색]을 클릭한다.

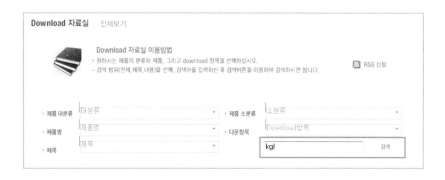

⑥ 다음 화면에서 [Master-K Software] KGLWIN을 클릭한다.(매년 버전이 다를 수
있으니 최신 버전을 받는다.)

⑦ 첨부파일에서 KGLWIN366(KOR).zip (8.19 Mbyte)을 클릭한다. ((KOR)-한국어
/ (ENG)-영어)

8 클릭하여 저장 여부를 물어보면 [다른 이름으로 저장]을 클릭한다.

9 찾기 편하게 [바탕 화면]을 선택한 후 [저장]을 클릭한다.

10 바탕 화면에 다음과 같이 압축된 파일 아이콘이 표시된다.

① 아이콘에 오른쪽 마우스 버튼을 클릭하여 다음과 같은 창이 나오면 [압축 풀기]를
선택한다.

② 다음과 같은 창이 나오면 [압축 풀기]를 클릭한다.

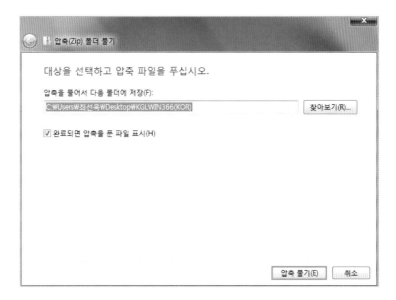

③ 바탕 화면에 다음과 같이 압축이 풀린 폴더 아이콘이 생긴다.

(14) 이 폴더로 들어가서 아래와 같은 파일이 보이면 마우스로 더블 클릭하여 실행한다.

(15) 진행 창에 나오는 순서대로 내용을 잘 읽고 설치를 완료한 후에 시작 메뉴를 열어 보면 [KGL_WK]라는 파일이 생긴 것을 확인할 수 있다.

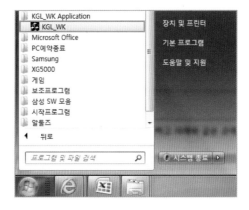

(16) [KGL-WK]를 클릭하면 다음과 같은 화면이 나온다.

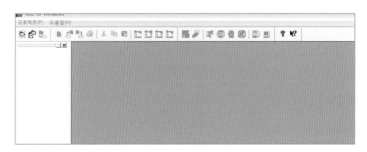

17 프로젝트 탭에서 → [새 프로젝트]를 클릭한다.

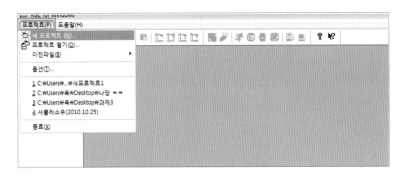

18 다음과 같은 화면이 나오면 [확인]을 클릭한다.

19 프로젝트 정보가 나오면 [확인]을 클릭한다.

위의 화면을 보면, MK_H, MK_S가 있는데 이는 MASTER-K PLC 중 종류를 선택하는 것이다. 하지만 MK_H는 단종된 기종이다. 그리고 MK_S의 하위 메뉴에 200S라고 있는데 클릭해 보면 10S~1000S까지 있다. 이는 PLC와 컴퓨터간 접속할 때 사용하는 것으로 우선 우리는 PLC 프로그래밍을 먼저 배울 것이므로 그냥 [확인]을 클릭한다. 이 부분은 나중에 PLC와 컴퓨터를 서로 연결할 때 따로 설명할 것이다.

20 설치하고 나면 다음과 같은 화면이 나온다.

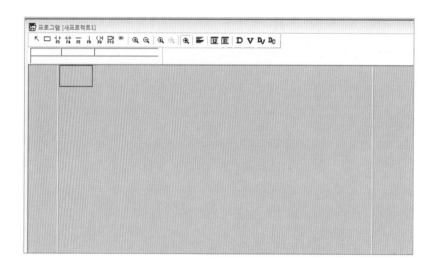

　　PLC는 편리한 제어 기기이다. 예전에 PLC가 없었을 때는 작업 라인이 있고, 이 작업 라인에는 설비가 여러 대 있는데 설비가 1, 2, 3, 4, 5, 6의 순서대로 동작을 한다. 그런데 어떠한 공정상의 변화가 있어 설비를 1, 5, 4, 3, 2, 6의 순서로 동작을 바꿔 주려고 한다.

　　시퀀스 판넬이라면 어떻게 될까? 전기선을 다 뜯어내고 다시 붙이고 아주 힘든 작업이 될 것이다. 하지만 PLC는 프로그램만 바꿔 입력해 주면 아주 간단하게 해결할 수 있다.

① 이번에 배울 내용은 PLC 프로그래밍 및 결선을 하기 위해서 꼭 알아두어야 한다.
처음에 이해가 안 되면 다시 읽어서 꼭 이해하고 넘어가야 한다.

아래의 사진은 PLC이다. 기종은 MASTER−K 200S이다. 200S와 1000S의 구별
방법은 나중에 결선 과정에서 알아보자.

아래의 PLC는 모듈 형식으로 입력 · 출력카드를 여러 개 확장할 수 있다. 우선 여기
서는 이 정도만 알고 있어도 된다.

② 아래의 PLC는 블록형이다. 이는 입력 · 출력이 제한되어 있다. 80S라고 표시되어
있다.

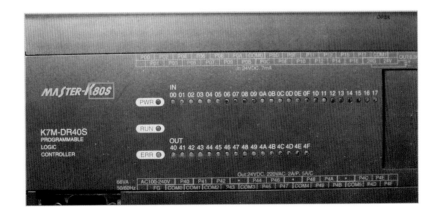

③ PLC 모듈형에 대해 알아보자.

전원부	CPU부	입력부	입력부	출력부	출력부

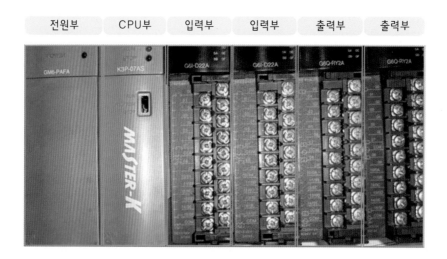

위의 표시대로 왼쪽부터 [전원부] – [CPU부] – [입력부] – [입력부] – [출력부] – [출력부]와 같은 순서대로 꽂혀 있다.

전원부와 CPU부는 항상 그림과 같은 위치에 있어야 한다.

그리고 입력부 2개, 출력부 2개가 있다. 이와 같이 입력부, 출력부 한 개 한 개를 모듈이라고 하고 입력모듈, 출력모듈이라고 말하지만 보통은 입력카드, 출력카드라고 한다. 이 책에서는 카드라고 하겠다.

위의 사진에서 보면 입력카드 2개, 출력카드 2개가 있는데 꼭 그렇게 할 필요는 없다. 예를 들어, 입력카드 1개에 출력카드 3개일 수도 있고, 입력카드 3개에 출력카드 1개, 입력카드 1개에 출력카드 1개 등 이렇게 카드 전체 개수와 입력, 출력카드의 개수는 달라져도 상관없다.

위의 PLC 사진에서 입력카드 3개에 출력카드 3개를 배치하고 싶다면 PLC 카드를 꽂는 베이스를 좀 더 큰 것을 사서 사용하면 된다.

입력카드와 출력카드를 꽂을 때 중요한 것은 우선 입력카드를 왼쪽에 몰아서 꽂고 그 다음에 출력카드를 꽂아야 하는 점이다. 그 이유는 나중에 프로그래밍할 때 헷갈리기 때문이다.

입력카드와 출력카드를 구분하는 방법은 따로 결선 과정에서 설명하겠지만 우선 위의 사진에서 아주 간단하게 구분하는 방법은 입력카드에 영어로 인쇄된 글자를 보면 파란색이고, 출력카드는 주황색으로 나와 있다. 이것으로 간단하게 입·출력카드를 구분할 수 있다.

④ 다음은 PLC 블록형이다.

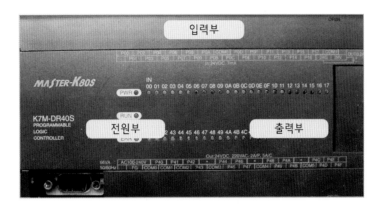

⑤ PLC 프로그래밍을 하다보면 P, M, T, C와 같은 명령어를 많이 사용하게 된다. 명령어 각각의 뜻은 다음과 같다.
P＝입력 또는 출력
M＝PLC 내부의 릴레이(스위치)
T＝타이머
C＝카운터

⑥ PLC 프로그래밍할 때 P 등의 명령어는 16진수를 사용한다. 10진수는 사람이 일상에서 사용하는 0부터 9까지 10개의 수를 사용한다.
2진수는 0에서 1까지 2개를 사용하기 때문에 2진수라고 한다.
16진수는 0에서 F까지이다. 10진수와 비교해 보면 다음과 같다.

10진수	0	1	2	3	4	5	6	7	8	9	10	11	12	13	14	15
16진수	0	1	2	3	4	5	6	7	8	9	A	B	C	D	E	F

이렇게 10진수에서 9가 넘어가면 10부터 알파벳으로 A~F까지 표시하게 된다. 이렇게 16개의 숫자를 사용하는 것을 16진수라고 한다. 가끔 "16진수면 16까지 아닌가요?"라고 질문을 하는데, 모든 숫자는 0부터 시작하기 때문에 0부터 시작하는 경우 16개의 숫자가 되려면 15까지 해야 16개의 숫자가 되는 것이다.

7 지금부터는 중요한 내용이다.

PLC 프로그래밍을 하다보면 P0001, P004F, P0023, P0022 이런식으로 입력을 하게 된다. P는 앞서 설명했듯이 입력 또는 출력이다. 그러면 이 P명령어가 어떻게 입력인지, 출력인지에 대해 알아보자.

아래의 사진에서 [전원부]와 [CPU부]를 제외한다.

첫 번째 입력카드는 0번 입력카드이다.

두 번째 입력카드는 1번 입력카드이다.

세 번째 출력카드는 2번 출력카드이다.

네 번째 출력카드는 3번 출력카드이다.

즉, 첫 번째로 꽂혀 있는 입력카드는 1번 카드가 아니라 0번 카드라는 말이다.

그럼, 여기서 왜 번호가 중요할까? P0002 명령어를 나누어서 설명해 보면, P0002는 원래 P 000 2로 나누어진 명령어이다. P는 입력 또는 출력의 뜻이고, 000은 몇 번 카드, 2는 몇 번째 단자(접점)라는 뜻이다.

이를 해석해 보면, P0002는 → 0번 카드의 3번째 접점을 나타내는 말인데 0번에 꽂혀 있는 카드는 입력카드이기 때문에, P0002는 → 0번 입력카드의 3번째 접점을 말하는 것이다.

P003D는 나누어 보면 P 003 D이다. 이것은 3번 카드(순서로는 네 번째)의 D(13 접점)를 나타낸다. → 3번 카드는 제일 마지막에 있는 카드로 출력카드가 꽂혀 있으므로 여기서 사용한 P 명령어는 출력을 뜻하게 된다.

접점은 위의 사진에서 전기선을 물리는 단자를 말하는데 한 카드에 18개 단자가 있다. 이 중에 공통 단자 2개를 제외하면 총 16개가 있다. 위에서부터 0번 접점, 1번 접점 등으로 내려오는데 접점 관련 설명은 결선에서 할 것이다.

다시 한번 연습해 보자.

[P0029] 2번 카드를 말하며 2번 카드는 순서로 세 번째에 꽂혀 있으므로 출력이며, 출력 2번 카드의 10번째 접점을 말한다.

[P000F] 0번 카드를 말하며 0번 카드는 순서로 첫 번째에 꽂혀 있으므로 입력이며, 입력 0번 카드의 16번째 접점을 말한다.

[P0013] 1번 카드를 말하며 1번 카드는 순서로 두 번째에 꽂혀 있으므로 입력이며, 입력 1번 카드의 4번째 접점을 말한다.

8 블록형 구별 방법은 아래의 사진에서 표시된 부분에 적혀 있다. 위에 있는 것이 입력, 아래에 있는 것이 출력이다.

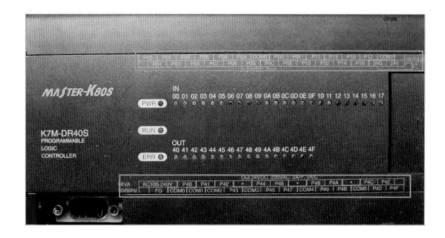

6 A, B접점 / 출력 입력하기

1 그럼, 지금부터 실제로 프로그래밍을 해 보자.
앞에서 배운대로 PLC 초기화면을 띄워 보자. 그리고 프로그램 화면의 파란박스가
왼쪽 상단에 위치하도록 한다. 키보드 방향키나 마우스로 움직인다.

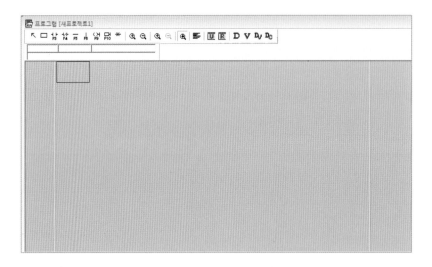

2 키보드의 [F3]키를 클릭한다.
그럼, 아래의 화면과 같이 나오는데 디바이스명에 P0001을 입력하고 [확인]을 클릭
한다. 이때 키보드의 [Enter]를 눌러도 [확인]이 된다.

3 [확인]을 클릭하면 다음과 같은 화면이 나온다.

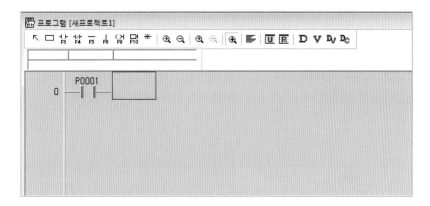

4 방향키를 이용하여 파란박스를 아래의 화면과 같이 위치하도록 한다.

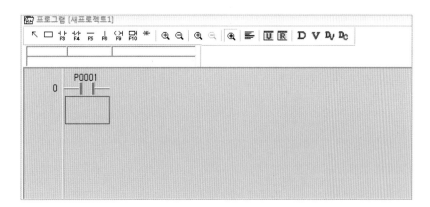

5 키보드의 [F4]키를 눌러 디바이스 명에 P0002를 입력한 후 [확인]을 클릭한다.
그럼, 아래의 화면과 같이 나온다.

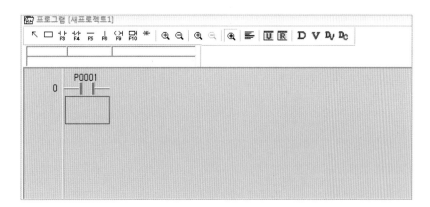

6 키보드 [F3]키는 PLC 프로그램상의 단축키로 A접점을 입력한다는 뜻이고, [F4]키
는 B접점을 입력한다는 뜻이다.
디바이스 명은 앞에서 설명했던 P, M, T, C 중 선택해서 입력하라는 것이다.
[F3]을 눌렀을 때는 ▮▮▮ 이런 모양이 나온다.
[F4]를 눌렀을 때는 ▮/▮ 이런 모양이 나온다.
A접점과 B접점의 모양이 다른 것을 알 수 있다.

7 이제 출력을 입력해 보자.
파란박스를 아래의 그림과 같이 위치시킨다.

8 키보드 [F9]키를 눌러 출력코일에 P0030을 입력한 후 [Enter]를 누른다.

9 완료되면 다음과 같은 화면이 나온다.

10 이제 B접점 P0002 옆에 출력 P003F를 입력해 보자.

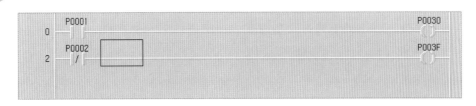

11 이제 PLC 기본 프로그래밍인 A, B접점 입력 및 출력을 프로그래밍하였다. 이해를 돕기 위해 한 가지 규칙을 정한다.

▦▐▦ A접점은 끊어진 다리라고 한다.

▦▐▦ B접점은 연결된 다리라고 한다.

이 다리는 사람이 다니는 것이 아니라 강물이 지나가는 다리이다.

그리고 PLC 프로그램을 보면 세로로 연결된 선 2개가 있다.

이 세로로 된 두 선에는 강물이 흘러가고 있다.

가로로 된 선들은 이 강물이 흘러가는 파이프라고 생각하면 된다.

12 ▦▦▦ PLC 출력 기호이다. 이것은 강물이 왼쪽, 오른쪽 양쪽에서 들어와야 동작한 다. 스위칭 동작 설명에서 전기 기기는 전기가 2개 들어가야 동작한다고 하였다. 같은 개념으로 생각하면 된다.

13 아래의 그림에서 B접점 P0002는 다리가 연결되어 있어 출력 P003F로 물이 흘러 가고 있다. 그리고 P003F의 반대편은 항상 물이 들어오고 있다.
강물 2개가 P003F로 들어가고 있으므로 P003F는 동작을 한다.

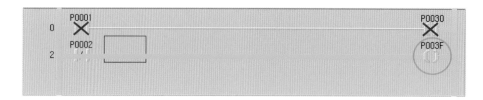

14 출력 P0030도 동작을 하고 싶지만 앞의 P0001 A접점의 다리가 끊어져 있어서 동 작을 못하고 있다. 하지만 출력 P0030 오른쪽에서 강물 하나가 들어오고 있으므로 왼쪽에서 강물 하나만 더 들어오면 동작하게 된다.

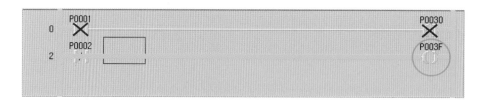

15 현재 대기중인 상태에서 P0001이 동작하면 A접점의 다리가 연결된다. 그럼 왼쪽의 세로로 흐르던 강물이 P0001 다리를 타고 흘러가게 되고 출력 P0030이 동작하게 된다.

16 P003F는 앞의 B접점 P0002가 있어서 강물이 계속 들어가고 있다. 그래서 출력 P003F는 동작을 하고 있다. 이때 P0002가 동작하면 **A접점과는 반대로** 이것은 B접점이므로 다리가 끊어지게 된다. 결국 출력 P003F는 왼쪽에서 물이 들어오지 않아 동작을 정지한다.

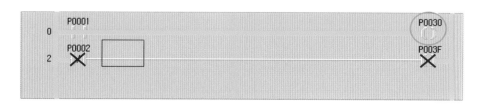

- A접점은 동작하면 다리가 연결됨
- B접점은 동작하면 다리가 끊어짐
- A접점은 동작 안 하면 다리가 끊어짐
- B접점은 동작 안 하면 다리가 연결됨

17 그럼, 이제 머릿속으로 그려 보자.

조건

모터 스위치 P0001 / 램프 스위치 P0002 / 모터 P0030 / 빨간 램프 P003F

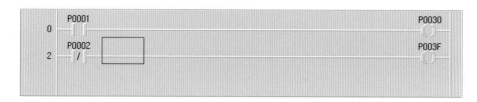

조건에서 PLC에 전기를 넣자마자 빨간 램프에 불이 들어온다.

프로그램상에서 P0002를 B접점으로 연결하였기 때문에 바로 강물이 흘러 들어가서 P003F가 동작하게 되어 빨간 램프에 불이 들어온 것이다.

이때 램프 스위치를 누르면 프로그램상의 P0002가 동작을 하고 P0002는 B접점으로 프로그래밍되어 있으므로 다리가 차단되면서 출력 P003F가 정지하고 빨간 램프가 꺼지게 된다.

모터 스위치를 누르면 프로그램상의 A접점 P0001이 ON 되어 → 다리가 연결되고 → 왼쪽 강물이 A접점 P0001 다리를 통과 → 출력 P0030이 동작 → 모터가 가동하게 된다.

조건

입력부

시작 스위치 : P0001 / 감지 센서 : P0002 / 정지 스위치 : P0003 / 불량 감지 센서 : P0004

출력부

실린더 : P0040 / 부저 : P004F

아래의 프로그램을 해석해 보자.

```
     P0001    P0002                                        P0040
0    ┤├       ┤├                                            ( )
    시작스위   감지센서                                       실린더
    치
     P0003    P0004                                        P004F
3    ┤/├      ┤├                                            ( )
    정지스위   불량감지                                       부저
    치        센서
```

[풀이] ❶ 다음은 초기 상태이다.

```
     P0001    P0002                                        P0040
0     ╳        ╳                                            ╳
    시작스위   감지센서                                       실린더
    치
     P0003    P0004                                        P004F
3    ┤/├       ╳                                            ╳
    정지스위   불량감지                                       부저
    치        센서
```

❷ 시작 스위치를 누르면 → 프로그램상의 A접점 P0001이 ON 되어 다리가 연결된다.

```
    (P0001)   P0002                                        P0040
0     ◯        ╳                                            ╳
    시작스위   감지센서                                       실린더
    치
     P0003    P0004                                        P004F
3    ┤/├       ╳                                            ╳
    정지스위   불량감지                                       부저
    치        센서
```

❸ 감지 센서가 동작하면 → 프로그램상의 A접점 P0002가 ON 되어 다리가 연결된다. 강물이 흘러 프로그램의 출력 P0040에 물이 흘러 들어가게 된다. → 프로그램상의 P0040이 동작하여 실린더가 동작한다.

❹ 프로그램상의 B접점 P0003 때문에 다리가 연결되어 있다. 하지만 A접점 P0004 때문에 강물이 막혀 있다.

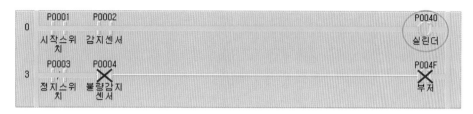

❺ 불량 감지 센서가 동작하면 → 프로그램상의 A접점 P0004가 동작하여 다리가 연결되고 → 강물이 프로그램상의 P004F와 만나게 되어 P004F가 동작하게 된다. → P004F가 동작하여 부저가 울리게 된다.

❻ 정지 스위치를 누르면 → 프로그램상의 B접점 P0003의 다리가 끊어지게 되고 → P004F에 강물이 들어가지 못해 부저가 정지하게 된다.

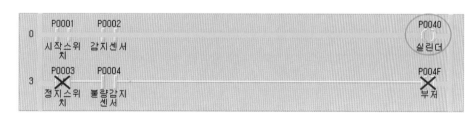

Point

▌▌▐▌▌ A접점, 평상시 끊어진 다리, 어떠한 동작을 하면 연결된다.

▌▌▐/▌▌ B접점, 평상시 연결된 다리, 어떠한 동작을 하면 끊어진다.

▌▌▌▌▌ 출력(출력코일)은 물이 양쪽에서 들어오면 동작한다.(계속 오른쪽에서는 물이 들어오고 있음)

PLC 프로그램의 도면을 래더도(Ladder Diagram)라고 한다.

릴레이 제어의 도면을 시퀀스도(Sequence Diagram)라고 한다.

7 자기유지-1

1 자기유지 프로그래밍 전에 스위치와 입·출력에 대해 알아보자.

푸쉬버튼 스위치 : 스위치를 손으로 눌러야 신호가 발생한다(전기 발생).
스위치에서 손을 떼면 신호가 정지한다(전기 차단).
스위치 내부에 스프링이 있어 눌렀다 떼면 스위치가 올라와 복귀된다.
스위치를 누르면 A접점은 연결되고(ON), B접점은 끊어진다(OFF).

2 **실렉트 스위치** : 스위치를 돌리면 신호가 발생한다. 이때 푸쉬버튼과 다른 점은 한 번 돌려놓으면 계속 유지된다는 것이다. 스위치를 반대로 돌리면 신호가 정지된다.
스위치를 돌리면 A접점은 연결되고(ON), B접점은 끊어진다(OFF).

이 실렉트 스위치는 현장에서 select switch, 세렉타 스위치, 씨렉트 스위치 등으로도 쓰인다. 모두 다 같은 말이다.

③ 프로그래밍을 하거나 전기 제어를 하다보면 입력과 출력이라는 말을 많이 하게 된다.
입력=INPUT 또는 IN
출력=OUTPUT 또는 OUT
입력과 출력을 합쳐서 I/O(아이오)라고 한다.

④ 입력 기기의 종류에는 스위치, 센서, 플루트 스위치, 실린더 자계 검출 센서, 풋 스위치, 키보드, 마우스 등이 있는데, 보통 입력은 어떠한 신호를 감지하기 위한 것들이다.
출력 기기의 종류에는 모터, 램프, 형광등, 부저, 솔밸브, 모니터, 스피커 등이 있으며, 어떠한 동작을 위한 것들이다.

⑤ 자기 유지 프로그래밍하기 전에 스위치 중에 자기유지가 되는 스위치가 있다. 말 그대로 자기 혼자 유지를 하는 스위치를 말한다. 바로 실렉트 스위치와 비상정지 스위치가 대표적이다. 이 스위치는 한 번 돌려놓으면 사람이 손을 쓰지 않아도 계속 유지되고 있다.
반대로 푸쉬버튼 스위치는 손으로 눌러주어야 그 동작이 지속된다. 이러한 푸쉬버튼을 사용할 때 자기 유지 프로그래밍을 이용하여 푸쉬버튼 스위치를 한 번만 눌렀다 떼었을 때 동작이 유지되는 방법을 프로그래밍해 보자.

⑥ 먼저 PLC 프로그램을 띄우고 A접점 P0001과 출력 P0030을 입력한다.

조건

입력 푸쉬버튼 A접점 : P0001   출력 모터 : P0030

⑦ 다음은 A접점 P0001 아래에 A접점 P0030을 입력한다.

8 파란박스를 P0001 옆으로 옮겨준다.

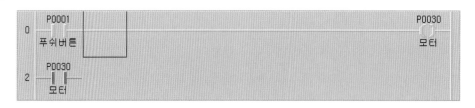

9 키보드 [F6]키를 눌러준다.

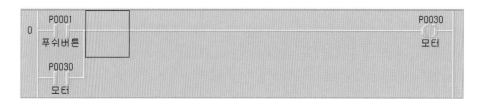

10 그럼, 자기유지 프로그래밍이 완료되었다.

프로그래밍 설명 전에 중요한 내용이 있다. 출력 P0030을 A접점 P0030에도 사용하였다. PLC 프로그래밍에서는 가능하다. 프로그램상에서 P0001을 [F9]키를 사용하여 출력에 넣어도 되고 출력 P0030을 프로그램상에서 A접점이나 B접점에 넣고 사용해도 된다. 대신 PLC 결선할 때는 불가능하다. 프로그램상에서만 가능하다.

또 프로그램상에서 P0001과 같은 접점을 수십, 수백 개를 입력할 수도 있다. 이렇게 입력하게 되면 P0001이 동작할 때 프로그램상의 모든 P0001이 동작하게 된다.

11 다음은 초기 상태이다.

12 푸쉬버튼을 누른다. → 프로그램상의 A접점 P0001이 동작하여 다리가 연결된다. → 이제 물이 들어가 P0030이 동작하게 되고 → 모터가 구동한다.

13 프로그램상의 P0030이 동작하여 → 모든 P0030이 동작하게 된다. → 그래서 A접점 P0030이 동작하여 다리가 연결된다.

14 이제 푸쉬버튼에서 손을 놓는다.
푸쉬버튼에서 손을 놓으면 → 프로그램상의 A접점 P0001이 동작을 안 하게 되어 다리가 차단된다. 하지만 A접점 P0030이 ON 되어 다리가 연결되고 → 물이 흘러 들어가 출력 P0030이 동작하게 되고 → 출력 P0030이 동작하게 되어 → A접점 P0030이 동작하게 되고 이렇게 물리고 물려서 자기유지가 완성되었다.

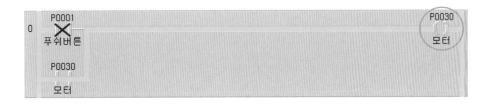

이제 푸쉬버튼에서 손을 놓아도 모터는 계속 돌아가게 된다.

15 다음은 프로그램상의 단축키이다.

[F3] − A접점 [F4] − B접점

[F5] − 가로선 [F6] − 세로선

[F9] − 출력 [F10] − 응용 명령어(타이머, 카운터 등)

16 이제 자기유지를 알고 나면 한 가지 의문점이 생길 수 있다. 실렉트 스위치를 쓰면 자기유지 프로그램을 안 해도 되는데 왜 번거롭게 푸쉬버튼을 사용하여 자기유지를 하는지 궁금할 것이다. 거기에는 몇 가지 이유가 있다.

① 설비를 가동하던 중 정전이 발생하였다. 이때 설비 담당자가 와서 설비 안에 남아 있던 제품을 수거하려고 한다. 그런데 갑자기 전기가 들어와 설비가 가동하게 된다. 결국 그 담당자는 사고가 나게 된다. 실렉트 스위치처럼 자기유지형 스위치를 사용할 경우 정전 발생 시 설비가 정지했다 다시 전기가 들어오면 즉시 동작하게 된다. 하지만 푸쉬버튼을 사용하여 자기유지 프로그래밍을 하였다면 정전 발생 시 PLC의 전원이 꺼지고 프로그래밍이 초기화된다. 다시 스위치를 눌러 주지 않는 이상 설비는 가동하지 않게 된다.

② 10HP짜리 모터가 수십 대 있다고 가정해 보자. 정전 후 다시 전기가 들어올 때 실렉트 스위치라면 당연히 즉시 동작한다. 이때 10HP짜리 모터 수십 대가 동시에 작동한다면 순간 전류가 부족하여 모터에 문제가 발생한다.

8 자기유지-2

1 이번에는 자기유지 차단과 간단한 도면으로 자기유지에 대해 좀 더 알아보자.

> **조건**
>
> 시작 스위치 : P0000 / 정지 스위치 : P0001 / 모터 : P0030

위의 조건에서 시작 스위치를 눌렀을 때 모터가 가동되는 자기유지 회로를 입력해 보자.

2 이 부분은 앞에서 알아본 내용이다.

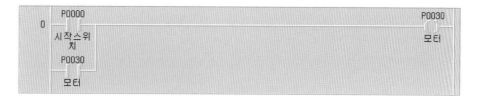

3 이제 A접점 P0000 옆에 B접점 P0001를 입력해 보자.
아래의 화면과 같이 나오면 된다.

4 다음은 초기 상태이다.

5 시작 스위치를 누르면 → A접점 P0000이 연결되고 → 출력 P0030이 동작하게 된다. → 출력 P0030이 동작해서 모터가 가동된다.

6 출력 P0030이 동작해서 → 프로그램상의 모든 P0030이 동작하게 된다.(A접점은 ON, B접점은 OFF) → 그래서 A접점 P0030이 ON 된다. → A접점 P0030이 ON 되어 자기유지 상태가 된다.

7 시작 스위치에서 손을 떼어도 A접점 P0030이 ON 되어 → 출력 P0030이 동작하고 → 출력 P0030이 ON 되어 → A접점 P0030이 연결되고 이렇게 자기유지상태가 된다.

8 이때 정지 스위치를 누르면 → P0001이 ON 되어 프로그램상의 B접점 P0001이 동작해 다리가 차단된다. → 출력 P0030 왼쪽 강물이 지나가는 다리가 차단되어 출력 P0030이 정지한다.

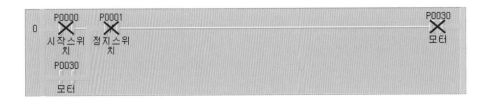

9 출력 P0030이 정지하면 → A접점 P0030도 OFF 되어 결국 자기유지는 풀려 버리게 된다.

Point

P, M, T, C 등의 명령어를 디바이스라고 한다.

이 디바이스명의 숫자를 읽을 때, 예를 들어 P0030은 '피삼십'이 아니라 '피공공삼공' 이렇게 읽는 것이다. P0042는 '피사십이'가 아니라 '피공공사이'로 읽는 것이다.

조건

푸쉬버튼 1 : P0000 / 푸쉬버튼 2 : P0001　　　모터 1 : P0040 / 모터 2 : P0041

위의 조건에서 푸쉬버튼 1을 눌렀을 때 모터 1, 2를 동시에 동작시키고 자기유지시켜 보자. 푸쉬버튼 2를 눌렀을 때 모터 2만 정지하게 하는 프로그램을 입력한다.

[풀이] **❶** 꼭 아래와 같이 프로그래밍할 필요는 없다. PLC 프로그래밍하여 같은 동작만 할 수 있다면 다르게 해도 상관없다. 좀 더 쉽게 설명하기 위하여 다음과 같은 프로그래밍으로 풀이해 본다.

❷ 다음은 초기 상태이다.

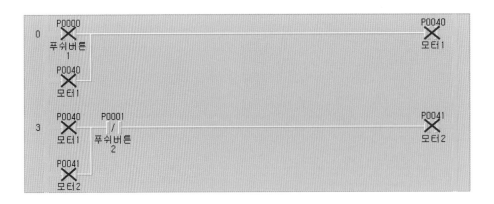

❸ 푸쉬버튼 1 스위치를 누르면 → P0000이 ON 되어 프로그램상의 A접점 P0000
이 ON 된다. → 그래서 출력 P0040이 동작하고 → 프로그램상의 모든 A접점
P0040도 ON 된다.
현재 이 프로그램의 A접점 P0040은 2개 있다. 2개 다 ON 되어 있다.

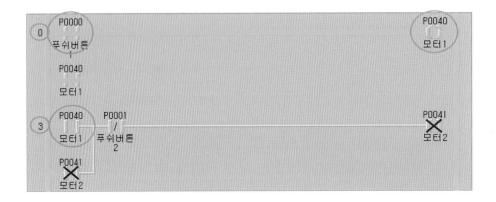

Point

프로그램상의 세로로 된 선을 보면 0이란 숫자와 3이란 숫자가 보일 것이다.
이는 스텝이라 하며 0스텝, 3스텝이라 읽어 구분한다. 디바이스를 몇 개 사용하였느냐는 표시이
기도 하다.

❹ 3스텝의 A접점 P0040이 ON 되어 → P0001은 B접점이므로 그냥 지나치고 → 출력 P0041이 ON 된다. → 출력 P0041이 ON 되어 → A접점 P0041도 ON 되고 → 결국 모터 1과 모터 2가 ON 되어 자기유지 상태가 된다.

Point

　프로그램에서 푸쉬버튼 1을 누르면 모터 1이 먼저 ON 되고, 모터 2가 나중에 ON 되는 것으로 보일것이다. 하지만 PLC 프로그램은 매우 빠른 속도로 동작하기 때문에 동시에 모터 1, 2가 ON 되는 것이다. 이 부분에 대해서는 END 명령을 배울 때 다시 언급하겠다.

❺ 푸쉬버튼 2를 누르면 → P0001이 ON 되어 프로그램상의 B접점 P0001이 차단 되고→ 출력 P0041이 OFF 되어 → 모터 2는 정지한다.

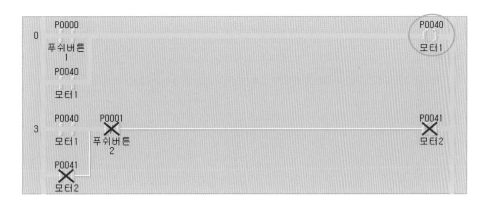

9 보조 릴레이 M 명령어

1 릴레이란 아래의 사진과 같이 생긴 것을 말한다.

이 릴레이는 전기 2개가 들어가면 스위치들이 붙었다 떨어졌다 하는 것이다.

푸쉬버튼 스위치는 사람이 손으로 눌러야 A접점이 붙고, B접점이 떨어지는 동작을 한다. 하지만 이 릴레이는 사람의 손이 필요 없고 전기에 의해 스위치가 붙었다 떨어졌다 한다.

아래의 릴레이는 A접점 2개, B접점 2개인 스위치가 내장되어 있다.

이 릴레이는 PLC가 나오기 전 수십, 수백 개를 장착하여 전기선을 연결해 설비를 가동시켰다.

PLC에서 릴레이란 스위치이기도 하고 출력이기도 하다.

PLC 릴레이는 보조 릴레이, 보조 접점, M 명령이라고 말한다.

2 이제 직접 입력하면서 해 보자.

> **조건**
>
> 푸쉬버튼 1 : P0000 / 푸쉬버튼 2 : P0001　　모터 1 : P0040 / 모터 2 : P0041

위의 조건에서 푸쉬버튼 1을 눌렀을 때 모터 1, 2가 동작하고 자기유지되며, 푸쉬버튼 2를 누르면 모터 1, 2가 차단되는 프로그램을 입력한다. 이때 M 명령어를 사용해 보자. 다음의 그림을 보기 전에 스스로 한번 프로그래밍해 보자.

③ 아래의 화면과 같지 않아도 원하는 동작만 할 수 있으면 된다.
PLC 프로그래밍의 정답이란 원하는 동작만 수행할 수 있으면 된다.

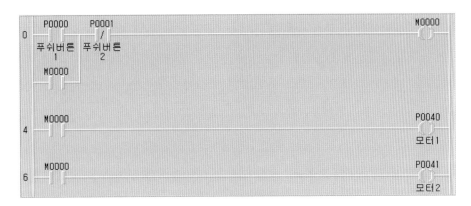

④ 아래의 프로그램은 초기 상태이다.

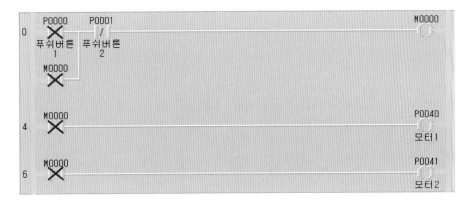

⑤ 푸쉬버튼 1을 누르면 → P0000이 ON 되어 프로그램상의 A접점 P0000이 ON 되고 → 출력 M0000이 ON 된다.

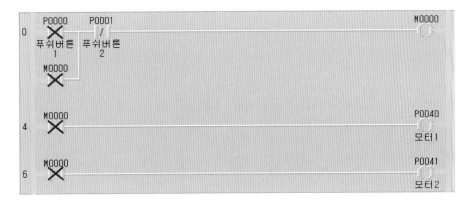

⑥ 출력 M0000이 ON 되어 → 프로그램상의 모든 A접점 M0000은 ON 된다.
먼저 0스텝의 A접점 M0000이 ON 되어 자기유지 상태가 된다.

⑦ 4스텝 A접점 M0000과 6스텝의 A접점 M0000도 ON 되어 → 출력 P0040, P0041
이 동작 → 모터 1, 모터 2가 동작하게 된다. 결국 푸쉬버튼 1을 누르면 모터 1, 2가
동시에 동작하게 되고 자기유지 상태가 된다. → 그리고 푸쉬버튼 2를 누르면 출력
M0000이 OFF 되어 모터가 정지된다.

앞에서 배운 자기유지와 다른 점은 A접점 P0000 뒤에 출력 P0040이 ON 되어 이
P0040을 A접점에도 같이 사용하였다. 이번에는 바로 P0040이 ON 되는 것이 아니
라 출력 M0000이 ON 되어 그 다음에 출력 P0040과 P0041이 동작하는 것이다.

8 이번에 배운 M 명령어는 실제 프로그래밍할 때 사용하는 규칙이다. 앞의 자기유지편에서 알아본 출력 P0040으로 A접점을 만들어 자기유지하게 되면 안 되는 것이다. 그럼, 왜 M 명령어를 거쳐서 해야 할까?

그 이유는 PLC의 출력카드가 언제라도 문제가 되어 프로그램에 영향을 줄 수 있기 때문이며 또 PLC의 출력카드를 좀 더 오래 사용하기 위해서이다. 앞으로 자기유지를 할 때는 꼭 M 명령어를 사용하여 위의 방법과 같이 한다.

10 인터록

① 이번에는 인터록에 대해 배워 보자.
인터록이란 어떤 것이 동작할 때는 다른 것은 동작을 못하게 하는 일종의 보호장치
라고 할 수 있다.

> **조건**
>
> 스위치 1 : P0000 / 스위치 2 : P0001 / 스위치 3 : P0002
> 모터 1 : P0040 / 모터 2 : P0041

스위치 1을 누르면 모터 1 가동 후 자기유지
스위치 2를 누르면 모터 2 가동 후 자기유지
스위치 3을 누르면 모터 1 또는 모터 2 정지(동시 정지가 아님)
이때 모터 1 가동 시 스위치 2를 누르면 모터 2가 동작이 안 되며, 모터 2 가동 시 스
위치 1을 눌러도 모터 1이 동작이 안 되게 해야 한다.

② 다음 그림을 나름대로 해석해 보자.

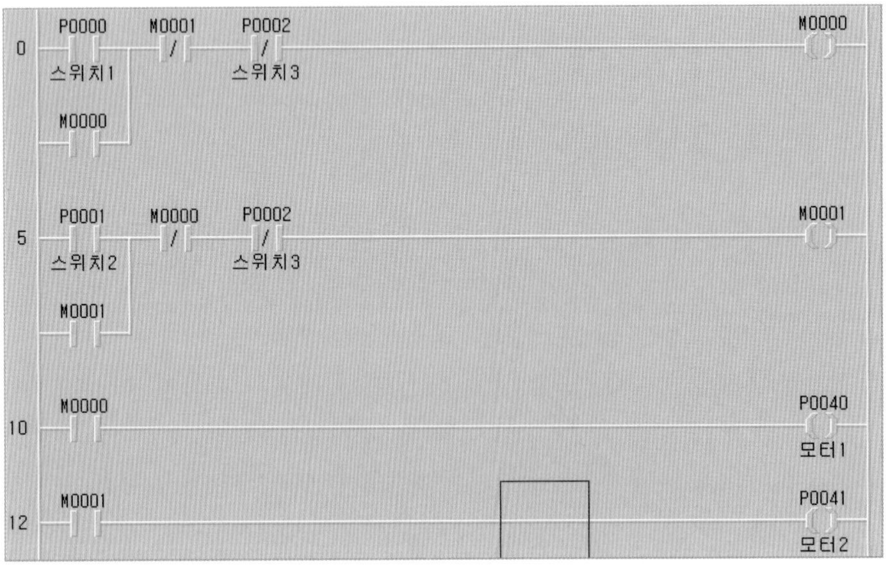

3 다음은 초기 상태이다.

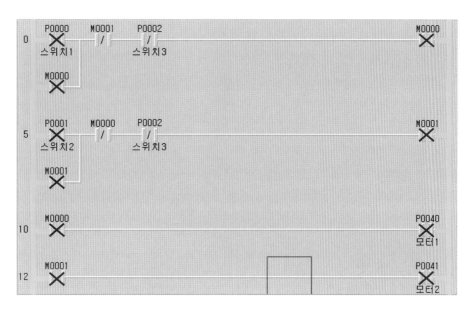

4 스위치 1을 누르면 → P0000이 ON 되어 0스텝의 A접점 P0000이 연결되고 강물이 지나간다. → B접점 M0001은 B접점이니 그냥 통과 → B접점 P0002도 그냥 통과 → 출력 M0000이 ON 되어 프로그램상의 모든 M0000이 동작하게 된다.

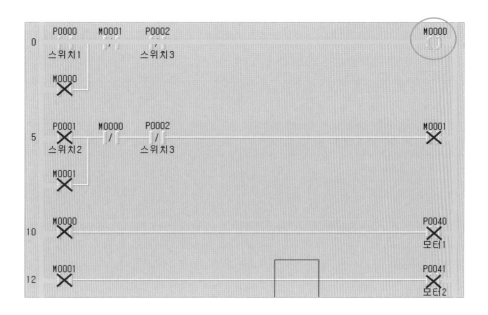

5 0스텝의 출력 M0000이 동작 → 0스텝의 A접점 M0000이 ON 되어 자기유지 → 5
스텝의 B접점 M0000은 끊어지게 된다.(중요) → 10스텝의 A접점 M0000이 ON 되
어→ 출력 P0040이 동작하고 모터 1이 동작한다.

※출력 M0000이 동작함으로써 모든 A접점 M0000은 다리가 연결, 모든 B접점
M0000은 끊어지게 된다.

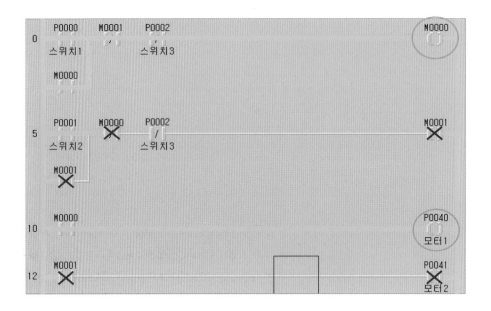

6 이때 스위치 2를 누르면 → 5스텝의 A접점 P0001은 ON 되지만 → 5스텝의 B접점
M0000은 다리가 끊어져 있기 때문에 아무런 영향을 주지 못한다. 이렇게 되는 것
을 인터록 회로라고 한다.

7 스위치 3을 누르면 → 0스텝 B접점 P0002이 차단되어 → 출력 M0000이 정지 → 0스텝 A접점 M0000이 차단되어 자기유지 해제 → 5스텝의 B접점 M0000도 초기 상태로 돌아가 다리가 연결된다. → 10스텝의 출력 P0040도 정지된다.

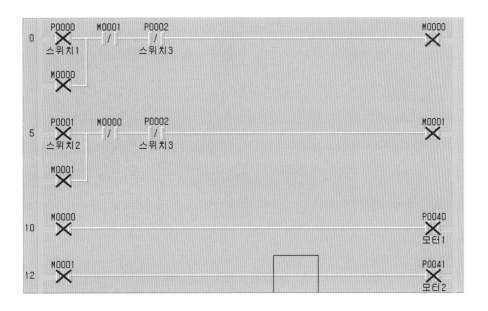

IP

PLC 프로그램 래더도를 읽을 때는 먼저 왼쪽에서 오른쪽으로 읽고 아래로 내려간다. 그리고 끝까지 다 읽고 나면 다시 0스텝부터 시작한다.

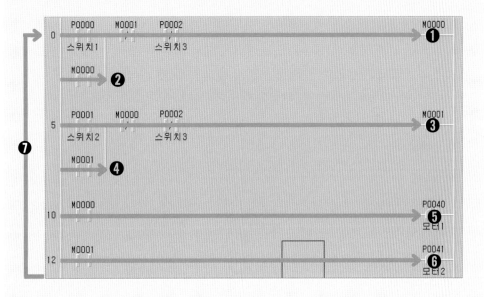

8 스위치 2를 누르면 → 5스텝 A접점 P0001이 ON 되어 → 출력 M0001이 동작 → 5스텝 A접점 M0001이 ON 되어 자기유지 → 12스텝의 A접점 M0001이 ON 되어 → 출력 P0041 동작해서 모터 2 가동 → 0스텝의 B접점 M0001은 차단되어 P0000이 ON 되어도 아무 영향을 주지 못한다.

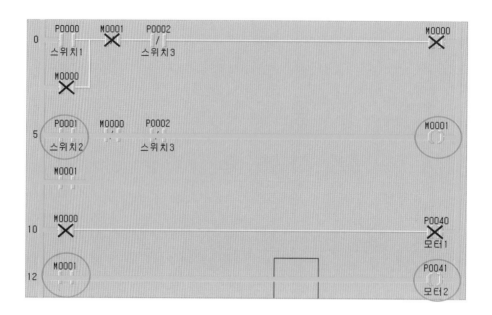

위의 인터록 회로는 시퀀스도에서 모터를 정회전, 역회전 제어할 때 사용한다. MC 1개로 모터를 정회전 중에 역회전시키려면 모터의 결선을 바꿔 주어야 한다. 하지만 MC 2개와 MC의 보조 접점을 이용하여 인터록 회로를 꾸밀 수 있다.

즉 PLC를 먼저 공부하고 나중에 시퀀스 공부할 때 아주 쉽게 배울 수 있다. 시퀀스에서 사용하는 도면은 우리가 공부하는 PLC 래더도를 90° 회전한 것과 비슷하다. 다른 점이 있다면 PLC 프로그램에서 출력 뒤에는 어떠한 디바이스를 넣을 수 없지만 시퀀스도에서는 출력 뒤에 A, B접점을 넣을 수 있다. 그리고 PLC 래더도와 시퀀스도에서 출력 뒤에 직렬로 또 다른 출력이 있을 수 없다.

--------------------( )--( )--| ← 이런 식으로는 입력이 안 된다.

11 타이머

1 이번에는 타이머 TON 명령어에 대해 알아보자.

> **조건**
>
> 스위치(푸쉬버튼) : P0000 / 모터 : P0040

스위치를 누르면 0.5초 뒤에 모터가 구동되고 자기유지가 되도록 해 보자.

2 다음은 타이머를 이용한 프로그램이다.

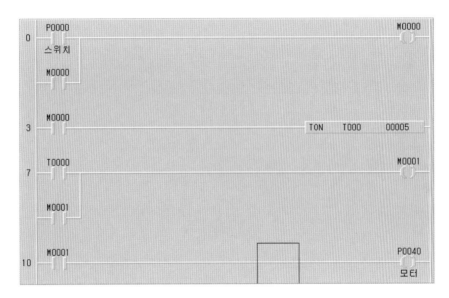

3 ②에 보면 처음 보는 모양이 있다. `TON  T000   00005`
입력하는 방법은 아래의 그림과 같이 A접점을 입력한 후 파란박스가 우측에 위치하
도록 한다.

④ 키보드의 [F10]키를 클릭한다. 그럼 오른쪽의 그림과 같이 래더 편집(응용 명령)이란 글이 나온다.

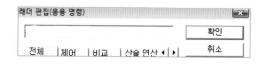

⑤ 명령어 입력하는 곳에 → TON T000 0005를 입력한다.

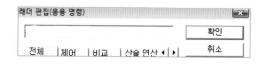

- TON : 전부 영어로 입력한다. 읽을 때는 티오엔이라고 읽는다.
- T000 : T는 영어이고, 뒤에는 숫자로 공공공이다.
- 0005 : 전부 숫자로 공공공오이다.

⑥ ⑤를 실행하면 다음과 같이 나온다.

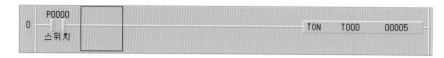

- TON : 응용 명령어 중 하나이며 지연 타이머라고 한다.(응용 명령어에는 C, MOV, BSFTP, CMP 등 많이 있다.)
  이 응용 명령어도 앞에서 배운 [F9] 출력 명령어와 마찬가지로 오른쪽에서 물이 항상 들어오고 있고, 왼쪽에서 물이 들어오면 그때부터 동작을 시작한다.
- T000 : TON 명령어를 사용한 동작을 지정해 주는 디바이스이다. T000, T001, T002~T100 등 PLC 기종마다 다르지만 보통 수백 개의 타이머를 가지고 있다.
- 0005 : 타이머 동작을 위한 설정값이다. 이때 0005는 5초가 아니라 0.5초이다.
  0001 : 0.1초
  0010 : 1초
  0100 : 10초
  1000 : 100초
  3456 : 345.6초
  이렇게 타이머는 0.1초부터 시작하게 되므로 주의한다.

몇 가지 예를 들어 본다.

- [TON T030 0683] : TON이 동작하면 68.3초 뒤에 프로그램상의 모든 T030이
동작한다.
- [TON T145 1532] : TON이 동작하면 153.2초 뒤에 프로그램상의 모든 T145가
동작한다.
- [TON T008 0050] : TON이 동작하면 5초 뒤에 프로그램상의 모든 T008이 동작
한다.
- [TON T022 9834] : TON이 동작하면 983.4초 뒤에 프로그램상의 모든 T022가
동작한다.

⑦ TON 타이머를 사용할 때 주의할 점이 있다.
[TON T030 0900] 이 명령어에서 TON이 동작하여 숫자를 90초까지 세어야 T030
이 동작을 하는데 숫자를 세는 중간에 TON 타이머가 OFF 되어 버리면 초를 세던
TON 타이머는 초기화된다.
아주 중요한 내용이다. ②에서 프로그래밍한 것을 보면 M0000으로 자기유지를 시
켜 놓았다.

⑧ ⑦에 대한 설명을 지금부터 해 보겠다. 다음은 초기 상태이다.

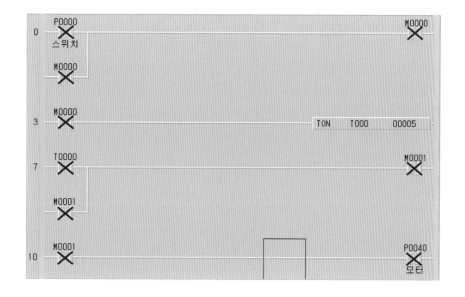

9 스위치를 누르면 → P0000이 동작해 0스텝의 A접점 P0000이 ON 되어 연결되고 → 출력 M0000이 동작 → 0스텝 A접점 M0000도 ON 되어 자기유지 → 3스텝의 A접점 M0000도 ON 되어 동작하게 된다.

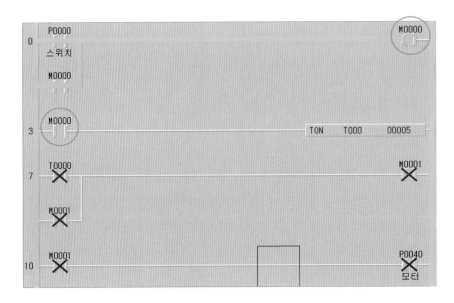

10 프로그램상에서 A접점 M0000은 ON 되어 유지되고 있다. → 그래서 3스텝의 응용 명령 [TON T000 0005] 가 동작을 하게 되고 → 0.5초 뒤에 T000이 동작하게 된다.

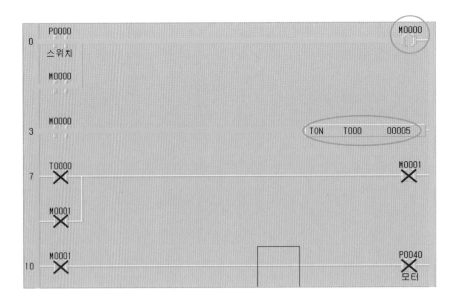

⑪ 3스텝의 TON이 동작하여 0.5초 뒤에 7스텝의 A접점 T0000이 ON 되어 → 출력 M0001 동작 → 7스텝의 A접점 M0001도 ON 되어 자기유지 → 10스텝의 A접점 M0001도 ON 되어 출력 P0040도 동작 → 모터 가동, 즉 스위치를 누르면 0.5초 뒤에 모터가 가동하게 되는 프로그램이다.

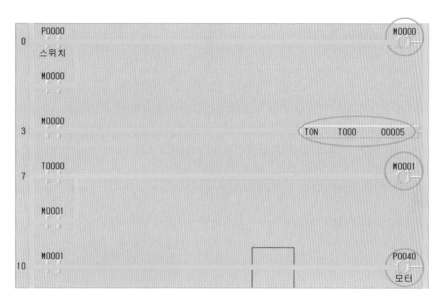

 다음의 프로그램 중 타이머의 동작 완료 후 다시 타이머가 초기 상태로 될 수 있도록 해 보자. 다음 프로그래밍은 타이머가 한 번 동작하면 다시 동작시킬 수 없다.

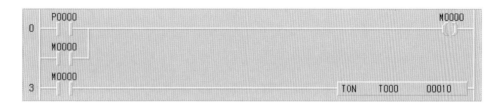

[풀이] ❶ 현재 타이머 동작 완료 상태이다.

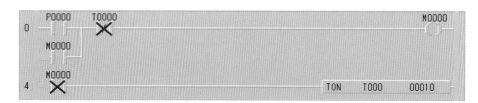

❷ 타이머가 1초 뒤에 ON 되어 → 프로그램상의 모든 T0000이 동작을 해서 → 0스텝의 B접점이 동작하여 차단시켜 버린다.

0스텝의 B접점 T0000이 끊어져 자기유지가 차단되고 → 결국 M0000이 OFF 되어 타이머는 다시 초기 상태로 돌아간다. 다시 P0000이 ON 되면 TON이 동작할 수 있게 되는 것이다.

예제4 **조건**

시작 스위치(푸쉬버튼) : P0000   정지 스위치(푸쉬버튼) : P0001
불량 감지 센서 : P0002   컨베이어 모터 : P0040
불량 쳐냄 실린더 솔밸브 : P0041   솔밸브는 편솔이며 자동 복귀식이다.

컨베이어 구동 중 불량 제품을 쳐내는 프로그래밍을 해 보자.

시작 스위치를 누르면 컨베이어가 움직이고, 어떠한 제품이 컨베이어 위를 지나갈 때 불량 감지 센서가 불량을 감지하면 5초 뒤에 실린더가 전진하여 불량을 쳐내고, 실린더는 전진된 상태에서 1초 간 유지한 후 복귀한다. 정지 스위치를 누르면 컨베이어가 정지한다.

이 예제는 실제 현장에서 아주 많이 사용하는 것이다. 설비에 따라 조금씩은 다르지만 원리는 같은 것이다.

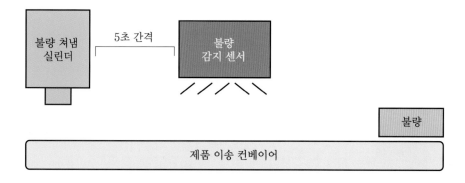

56 PLC 기초와 응용

[풀이]

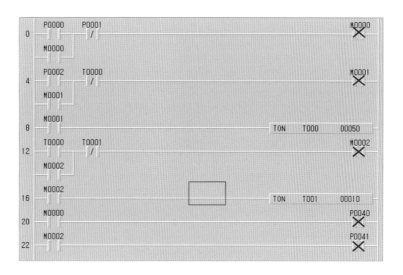

❶ 이제부터 세로로 된 큰 강물선 2개는 생략한다.

시작 스위치를 누르면 → 0스텝의 P0000이 ON 되어 M0000이 연결되고 자기
유지 상태가 된다. M0000이 ON 되어 → 20스텝의 M0000도 연결되고 P0040
이 ON 되어 → 컨베이어가 가동된다.

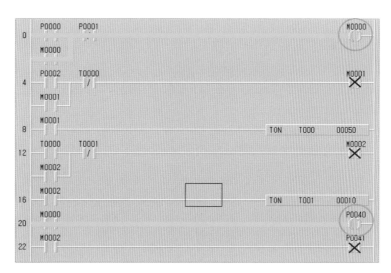

❷ 제품이 컨베이어를 타고 이송 중에 불량이 지나가면 불량 감지 센서가 감지 → 4
스텝의 P0002가 동작하여 M0001이 ON 되고 자기유지 상태 → 8스텝의 타이머
가 5초를 세고 있다.

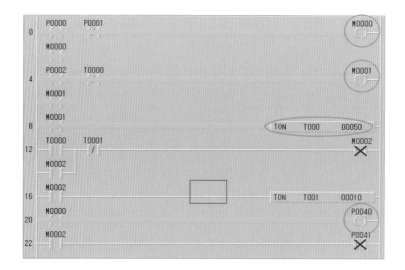

❸ 8스텝의 타이머가 5초를 센 후 T000이 ON 되어 → 12스텝의 A접점 T000이 연결되고 M0002가 ON 되어 자기유지 → 16스텝의 M0002가 ON 되어 타이머가 1초를 세고 있는 중 → 22스텝의 M0002도 ON 되고 → P0041이 ON 되어 실린더가 불량 쳐냄 → 8스텝의 타이머가 5초를 세고 동작하면 → 4스텝의 T000이 동작하여 → M0001이 자기유지를 끊어 버린다. → 그래서 다시 반복 동작을 할 수 있도록 준비 중이다.

※ 8스텝, 16스텝, 22스텝의 동작은 동시에 이루어진다. 타이머가 5초를 센 후 또 다른 타이머가 1초를 세고 1초를 세는 동안 실린더는 전진해서 불량을 쳐내고 있고 4스텝의 자기유지가 끊어져 8스텝의 타이머가 OFF 되고 P0002의 신호는 대기하고 있다.

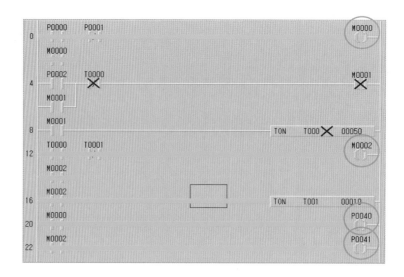

❹ 16스텝의 타이머가 1초를 세고 난 후 → 12스텝의 B접점 T0001이 끊어져 M0002
의 자기유지가 풀려버리고 → M0002가 차단되어 → 22스텝의 M0002도 OFF 되
고 → 출력 P0041도 정지하고 실린더가 후진하게 된다.(조건에서 솔밸브는 편솔이
기 때문에 OFF 되면 바로 실린더가 후진한다.)

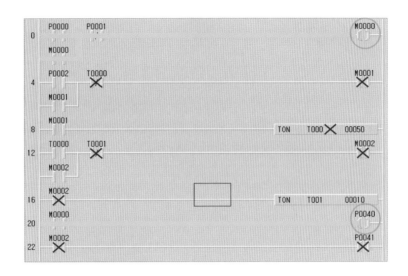

정지 스위치를 누르면 0스텝의 P0001이 차단되어 M0000이 OFF되고 → 20스텝
도 OFF 되어 모터는 정지한다.

TIP

　빠른 공부를 위하여 한 가지 생략한 명령어가 있다. 응용 명령어 중 하나인 END 명령어
이다. 이 명령어는 프로그램을 완료 후 마지막에 꼭 넣어줘야 한다. 이 END 명령어가 없
으면 나중 프로그램에서 PLC로 프로그램 전송 후 실제 설비를 가동시킬 때 PLC의 램프
ERR이 깜빡깜빡거리면서 설비가 동작하지 않는다. 이제부터는 이 END 명령어를 꼭 넣
어서 연습한다. 프로그래밍을 끝낸 후 제일 하단에 키보드 [F10] → [END]→ [확인]을
클릭한다.

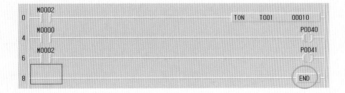

　이 END 명령어가 없으면 설비가 동작하지 않는다.
　위의 타이머를 사용한 예제는 앞으로 우리가 공부할 PLC 프로그래밍의 중요한 부분이
다. 이해가 안 되면 다시 반복해서 꼭 이해하고 넘어가야 한다.

12 SET, RST

① 이번에 배울 응용 명령어는 SET, RST(셋, 리셋)이다.
이 명령어는 자기유지 회로를 꾸미지 않아도 명령어 자체가 자기유지를 하는 기능
이 있다. 우선 따라해 보자. [F3]→ [P0000] → [확인] → [F10] → [SET P0040]
→ [확인]

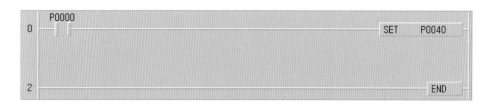

위의 화면과 같이 나오면 바르게 입력한 것이다.

② 두 프로그램은 같은 동작을 한다.

③ 0스텝의 P0000이 ON 되면 SET P0040이 동작을 하게 된다.
그리고 스위치에서 손을 떼어도 P0040은 계속 ON 되어 있다.

④ 이제 RST를 입력해 보자.

[F3] → [P0001] → [확인] → [F10] → [RST P0040] → [확인]

아래의 화면과 같이 나오면 입력 완료된 것이다.

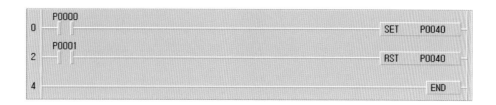

⑤ P0000이 ON 되면 출력 SET P0040이 동작하여 → P0040이 자기유지 상태가 되고 → 2스텝의 P0001이 ON 되면 → RST P0040이 동작하여 → P0040이 리셋되고 자기유지를 풀어버린다. 앞에서 설명했던 출력은 왼쪽과 오른쪽에서 계속 물이 들어와야 동작을 하고 유지한다. 하지만 이 SET 명령은 한 번만 동작시켜 주면 유지되는 것이다.

예제5

조건
　　시작 스위치(푸쉬버튼) : P0000 / 정지 스위치(푸쉬버튼) : P0001 / 모터 : P0040

시작 스위치를 누르면 0.9초 뒤에 모터가 구동되어 자기유지 상태가 되고, 정지 스위치를 누르면 모터가 정지하게 하는 프로그램을 입력해 보자. 단 이번에 배운 SET, RST 명령어를 사용하여 자기유지시켜 본다.

[풀이] ❶ 다음과 같은 풀이가 꼭 정답은 아니다. 같은 동작만 할 수 있으면 된다. 풀이 과정을 보기 전에 다음 그림을 먼저 나름대로 해석해 보자.

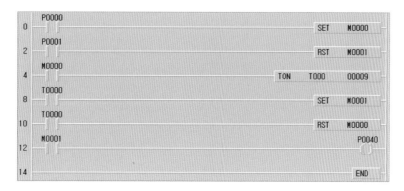

❷ 시작 스위치를 누르면 → 0스텝의 P0000이 ON 되어 M0000이 SET이 되고 자기유지 상태가 된다.

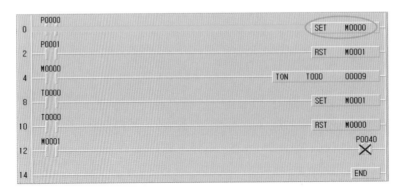

❸ 시작 스위치에 손을 떼어도 자기유지가 되고 있다.

M0000이 ON 되어 → 4스텝의 M0000이 동작하면 → 타이머가 0.9초를 세고 있는 중이다.

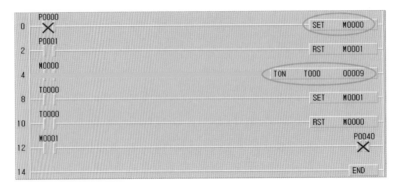

❹ 타이머가 0.9초를 세고 난 후 → T000이 ON 되어 → 8스텝의 T0000도 동작하면 → M0001이 SET되어 자기유지를 하고 있다. → 그리고 위의 동작과 동시에 10스텝의 T0000도 ON 되어 → M0000을 리셋(RST)시켜 버린다.

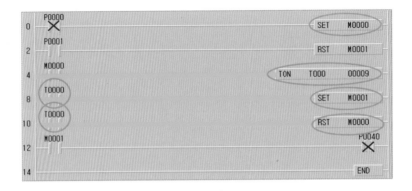

❺ 10스텝에서 M0000을 리셋(RST)시켜 버리면 → 0스텝의 M0000이 초기화되고 → M0000이 OFF 되어 → 4스텝의 M0000도 정지하고 → 타이머는 다시 초기 상태로 된다. 그리고 4스텝의 타이머가 OFF 되면 → 8스텝과 10스텝의 T0000이 차단된다. 이 부분이 바로 반복 동작을 할 수 있게 하는 것이다. 타이머를 초기화시키지 않으면 반복 동작이 안 된다.

이제 ON 되어 있는 디바이스는 M0001 하나밖에 없다.

❻ M0001이 SET이 되어서 현재 자기유지 중이다. → 12스텝의 M0001도 ON 되어 → 출력 P0040이 동작하고 → 모터가 가동하게 된다.

❼ 정지 스위치를 누르면 2스텝의 P0001이 ON 되고 → M0001을 리셋(RST)시켜
버린다. 그래서 8스텝의 SET M0001은 OFF 되고 → 12스텝의 M0001도 차단되
어 모터가 정지한다.

13 삼로 스위치

카운터를 배우기 전에 삼로 스위치에 대해 알아보자.

이 삼로 스위치는 실제로 현장에서 많이 쓰인다. 원래는 PLC 없이 배선하지만 PLC 프로그램을 이용하여 연습해 보자.

> **조건**
>
> 스위치 1(실렉트 스위치) : P0001 / 스위치 2(실렉트 스위치) : P0002 / 형광등 : P0040

1 입구 1에서 스위치 1을 누르면 통로의 형광등이 ON 되며 사람이 통로를 지나 스위치 2를 누르면 통로의 형광등이 OFF 되고 사람은 입구 2를 통해 나간다.

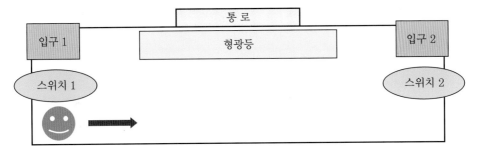

2 사람이 다시 입구 2에서 스위치 2를 누르면 형광등이 ON 되며 통로를 지나 스위치 1을 누르면 형광등이 OFF 되고 사람은 입구 1을 통해 나간다.

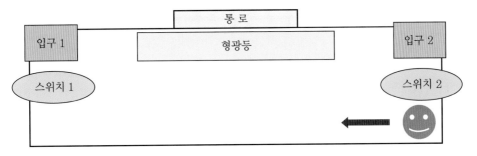

위의 내용은 실제 현장의 긴 통로가 있을 때 형광등을 ON, OFF하기 위한 방법이다. 보통 형광등 스위치를 연결하듯이 할 경우 **입구 1에서 스위치를 ON하면 입구 1에서 OFF해야 하는** 번거로움이 있는데, 이를 해결하기 위해 회로를 꾸며 보자.

앞에서 배운 인터록을 이용해야 한다.

[풀이] ❶ 다음과 같은 프로그래밍을 풀이해 보자.

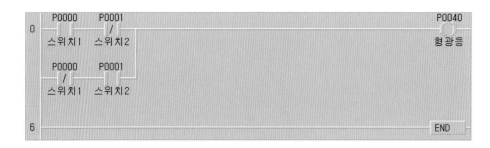

❷ 다음은 초기 상태이다. 현재 통로의 형광등은 OFF 되어 있다.
(현재 스위치 상태 : 스위치 1 OFF, 스위치 2 OFF)

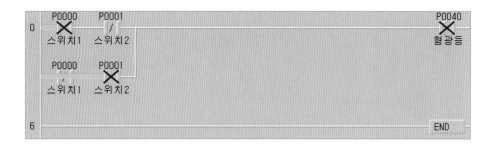

❸ 사람이 입구 1에서 스위치 1을 누른다. → A접점 P0000은 ON 되어 연결되고 → 형광등은 ON 된다. → B접점 P0000은 차단된다. → 사람이 통로를 지나고 있다. 푸쉬버튼 스위치가 아니고 실렉트 스위치이다. 한 번 돌려놓으면 자기유지가 된다. (현재 스위치 상태 : 스위치 1 ON, 스위치 2 OFF)

❹ 사람이 입구 2에서 스위치 2를 누른다. → B접점 P0001은 차단되고 → A접점 P0001은 연결된다. → 그러나 아래의 화면과 같이 물이 흘러가지 못해 형광등은 OFF가 된다. **이제 사람이 입구 2를 통해 나갔다.** (현재 스위치 상태 : 스위치 1 ON , 스위치 2 ON)

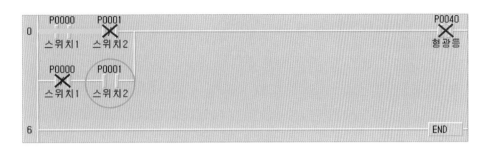

❺ 입구 2에 있다.

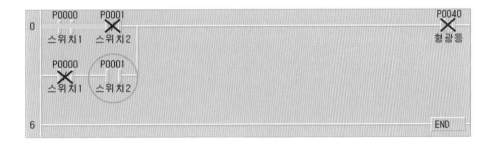

❻ **사람이 입구 2에서 다시 입구 1로 가려고 한다.** → 입구 2에서 스위치 2를 누르면 → B접점 P0001은 다시 연결되고 → A접점 P0001은 차단되어 버린다. → 이제 형광등이 다시 ON 되어 사람이 통로를 지나고 있다. (현재 스위치 상태 : 스위치 1 ON , 스위치 2 OFF)

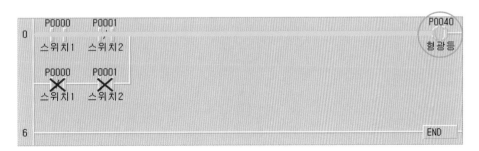

❼ 사람이 입구 1에 와서 스위치 1을 누른다. → A접점 P0000은 끊어지고 → B접점 P0000은 연결된다. → 아래의 화면과 같이 연결되어 형광등은 OFF가 되어 초기 상태로 된다. (현재 스위치 상태 : 스위치 1 OFF, 스위치 2 OFF)

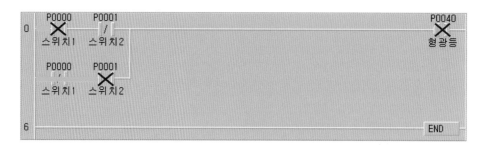

여기서 중요한 건 실렉트 스위치를 사용한다는 것이다. 실렉트 스위치는 한번 돌려놓으면 자기유지 상태가 된다고 앞에서 설명하였다.

스위치를 입구 1에서 돌려놓고 가면 입구 1은 스위치가 항상 ON 된 상태에 있고 다시 입구 2에서 통로를 지나 입구 1에 와서 스위치를 돌려 스위치를 OFF시키는 것이다.

이번 장에서 PLC의 A, B접점과 **자기유지**를 모두 이해하고 넘어가야 한다. 혹시라도 이해가 가지 않는다면 완전히 이해할 때까지 공부하고 다음 장으로 넘어갈 것을 권장한다.

14 PLC 프로그래밍 수정 및 글자넣기

1 아래의 프로그램에서 파란박스를 P0000에 위치시켜 보자.

2 키보드의 [Ctrl]키와 [U]키를 같이 눌러 보자. (Ctrl+U)
이것은 라인 삭제라는 단축키이다.

3 ②의 상태에서 [Ctrl]+[M]키를 눌러 보자. (Ctrl+M)
이것은 라인 삽입이라는 단축키이다.

④ [F3]키를 누른다.

디바이스명 : P0000 / 변수명 : 스위치1 / 설명문 : 통로1 스위치

이렇게 입력하고 [확인]을 클릭한다.

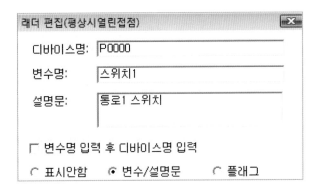

⑤ 아래와 같은 화면이 나온다.

⑥ 마우스를 이용하여 아래 화면의 D, V, DV, DC를 하나씩 클릭해서 본다.

다음은 DC를 눌렀을 때 나오는 글자이다.

7 파란박스를 아래의 화면과 같이 위치시켜 본다.

8 [Ctrl] + [E]키를 눌러 본다.

9 화면에 글자를 넣어 본다.
이것을 링커멘트라고 한다. PLC 프로그램이 길어지면 혼동되지 않게 하기 위해서
적어 놓는 것이다. (PLC의 동작과는 상관없다.)

링커멘트를 지울 때는 링커멘트에 파란박스를 위치시켜 키보드의 [Del]키를 누르면
지워진다.

15 카운터

이제 초급 명령어와 관련된 것 중 마지막인 카운터이다. P, M, T, C, SET, RST 등 이정도 명령어만 알아도 웬만한 설비는 다 프로그래밍하여 움직일 수 있다.

① [F3]→[P0000]→[F10]→[CTU C0000 0010]을 입력해 보자.
아래와 같은 화면이 나오게 된다.

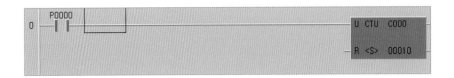

U : UP라는 뜻으로 숫자가 올라갈 때 동작한다는 것이다.
R : RESET(리셋)으로 초기화한다는 것이다.
CTU : CT(카운터), U(업)을 합친 것으로 업카운터라고 한다.
〈S〉: 카운터 설정치이다.
    0010＝10개
    8321＝8321개
C0000 : 카운터 디바이스로 카운터가 동작을 하면 C0000이 동작한다는 뜻이다.
CTU C0000 0010 : 카운터가 10개까지 올라가면 C0000이 동작한다는 뜻이다.
CTU C0213 0081 : 카운터가 81개까지 올라가면 C0213이 동작한다는 뜻이다.

② 파란박스를 아래와 같이 위치시킨 후 [F3]→[C0000] 입력한 후 [Enter]를 누른다.

③ 이제 키보드 [F5]를 여러 번 눌러서 가로로 된 선을 연결시킨다.

④ 0스텝의 P0000이 ON/OFF를 반복할 때 → P0000이 한 번 ON 하면 → 카운터로 신호가 들어가 카운터가 1이 되고 → P0000이 OFF 하여 다시 ON 하면 → 카운터가 2가 되며 이렇게 P0000이 ON을 10번 하게 되면 프로그램상의 모든 C0000이 동작을 하게 된다.

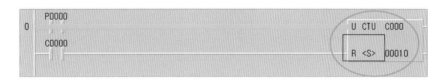

⑤ 카운터가 10이 되면 C0000이 ON 되어 → 0스텝의 A접점 C0000이 ON → R로 신호가 들어가고 → 카운터는 리셋이 되어 버린다.

조건

물체 검출 센서 : P0000 / 실린더 솔밸브(편솔 자동복귀형) : P0040

물체 검출 센서가 5번 물체를 감지하면 **실린더가 전진하고 2초 동안 전진 상태를 유지한 후** 복귀시켜 보자. 그리고 이런 동작을 계속 반복한다.

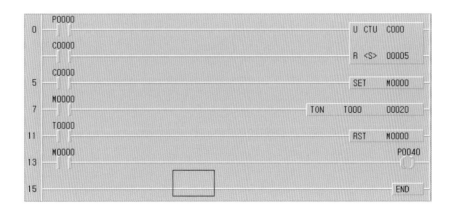

[풀이] ❶ 물체 검출 센서가 물체를 검출하면 P0000이 ON 되어 카운터를 계수하기 시작한다. 물체 검출 센서가 물체를 5번 검출하면 → 5스텝의 C0000이 ON 되어 → M0000이 자기유지 상태가 된다.

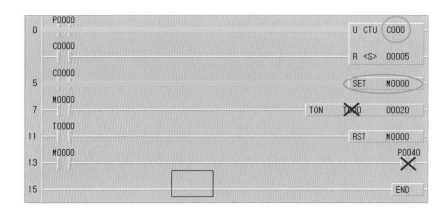

❷ M0000이 ON 되면 7스텝의 타이머는 초를 세고 있고 → M0000이 ON 되면 13 스텝의 P0040은 동작하여 → 실린더가 전진하고 C0000이 ON 되면 → 0스텝의 C0000도 동작하여 → 카운터를 리셋시킨다.

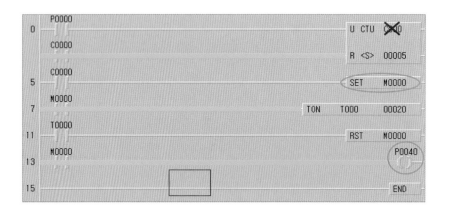

카운터가 5를 세고 나면 → 실린더가 동작하고 카운터는 0이 되며 타이머가 초를 세고 있다.

❸ 7스텝의 타이머가 2초를 세고 난 후 → 11스텝의 T0000이 ON 되어 M0000이
RST 되고, 13스텝의 M0000이 OFF 되어 → 실린더는 후진하게 된다.

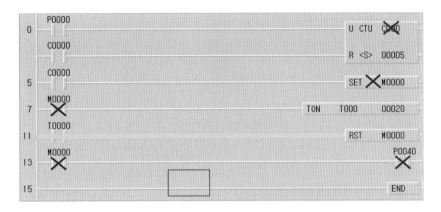

다시 물체 감지 센서가 물체를 감지하면 처음부터 다시 시작한다.

조 건

시작 스위치(실렉트 스위치) : P0000 / 램프 : P0040

시작 스위치를 누르면 3초 뒤에 ON → 6초 간 자기유지 후 OFF 되는 무한 반복
프로그램을 만들어 보자. 시작 스위치를 OFF 시키면 다시 초기화된다.
3초 뒤에 ON → 6초 간 자기유지 후 OFF → 3초 뒤에 ON → 6초 간 자기유지 후
OFF …… 계속 반복된다.

[풀이]

	P0000	T0001					TON	T000	00030
0			/						
	T0000								
5							TON	T001	00060
									P0040
									( )
10									END

❶ 시작 스위치를 누르면 → P0000이 ON 되어 자기유지 상태가 된다(실렉트 스위치 사용). 그래서 0스텝의 타이머가 3초를 세고 있다.

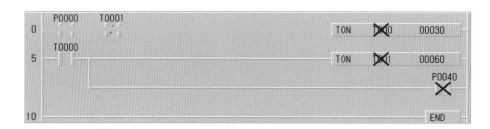

❷ 3초 뒤에 5스텝의 A접점 T0000이 ON 되어 → 타이머 T001은 6초를 세고 있고 → 출력 P0040이 ON 되어 램프가 ON 되어 켜진다.
이제 T000 타이머가 죽지 않는 이상 램프에는 계속 불이 들어온다.

❸ 5스텝의 T001 타이머가 6초를 센 후 → 0스텝의 B접점 T0001이 차단되어 → T000 타이머는 초기화된다. → 5스텝의 T0000도 차단되어 → T0001 타이머도 초기화되고 → 출력 P0040이 OFF 되어 차단된다.

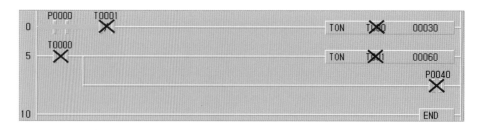

Point

프로그램상 눈에 보이게 그림으로 설명하지만 실제 프로그램을 보면 T0001이 6초를 세고 난 후 0스텝의 B접점 T0001이 차단되었다 바로 연결된다.

❹ 그리고 전부 초기화되자마자 다시 0스텝의 T000 타이머가 초를 세고 반복해서 동작한다.

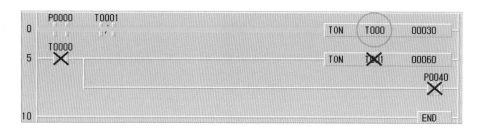

　위의 이런 회로를 플리커 회로라고 한다. 깜빡이 회로라고도 한다.
이와 같은 프로그램은 알고 있다 나중에 필요할 때 사용하면 된다.
　그리고 이번에는 좀 다르게 5스텝에서 T0000 A접점 뒤에 출력을 병렬로 2개 연결하였다. 이렇게 프로그래밍하여도 상관없다.

아래의 래더도를 보고 해석해 보자. P0000, P0001은 푸쉬버튼이다.

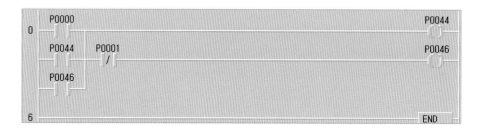

[풀이] ❶ 다음은 초기 상태이다.

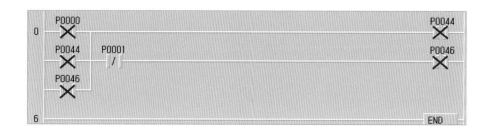

❷ P0000이 ON 되면 → 출력 P0044가 ON 된다.

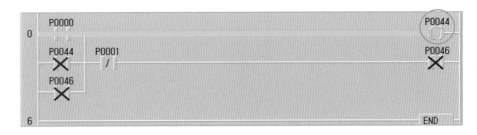

❸ 출력 P0044가 동작하여 A접점 P0044가 ON 된다. → B접점 P0001은 그냥 지나쳐서 출력 P0046이 ON 된다.

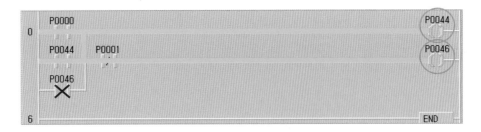

❹ 출력 P0046이 동작하여 → A접점 P0046이 ON 된다.

여기까지가 한 동작이다. P0000이 ON 되면 → 출력 P0044와 출력 P0046이 동작된다.

❺ P0001은 푸쉬버튼이고 이 푸쉬버튼을 손으로 누른 상태이다. → 손으로 누르고 있는 동안은 출력 P0046은 정지되고 → A접점 P0046도 OFF 된다.

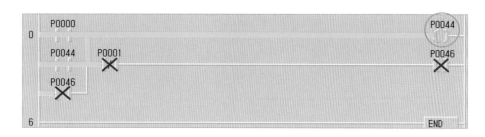

❻ 푸쉬버튼에서 손을 놓게 되면 다시 P0046이 살게 된다.

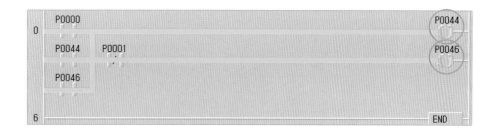

위와 같은 프로그램으로 설비를 가동시킬 경우 출력을 차단시키려면 PLC의 전원 차단기를 내려야 한다. 그래서 위와 같은 프로그램은 아무 쓸모없다.

조건

사람 감지 센서 : P0000 / 문 열림 감지 리밋 : P0001 / 문 닫힘 감지 리밋 : P0002
문 열림 모터(정회전) : P0040 / 문 닫힘 모터(역회전) : P0041

사람이 자동문의 감지 센서 범위에 들어오면 문이 열리고 → 문이 완전히 열린 후 2초 간 자기유지 → 2초간 자기유지 후 문이 닫힌다. → 문이 닫히는 도중에 사람이 들어와 감지 센서가 감지하면 문이 다시 열리고 → 문이 열린 후 2초 간 자기유지 후 문이 닫힌다. 모터의 정, 역 제어를 위해 인터록을 잘 해야 하며, 특히 사람이 도중에 왔을 때를 위한 인터록을 해 보자.

[풀이] ❶ 감지 센서 범위에 사람이 들어오면 P0000이 동작하고 → 0스텝의 M0000이 ON 되어 자기유지 → 13스텝의 M0000이 ON 되어 → 문이 열리고 있는 중이다.

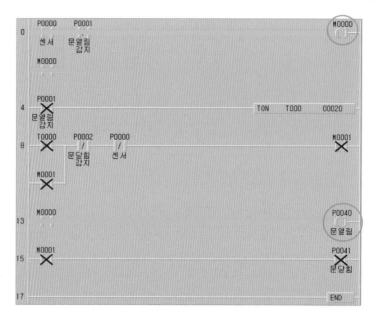

❷ 문이 완전히 열리면 문 열림 감지 리밋이 동작하여 → 4스텝의 P0001이 동작하고 타이머가 2초를 세고 있다. → 그리고 0스텝의 B접점 P0001이 끊어져 자기유지가 풀리고 M0000이 OFF 되어 → 13스텝의 문 열림 모터도 정지 상태가 된다. → 하지만 문은 이미 열려 있다.

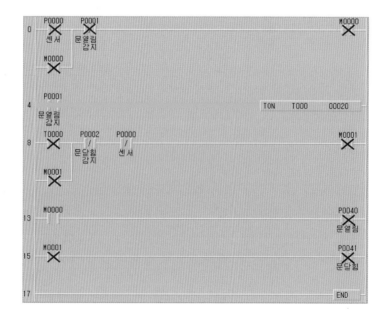

여기서 사용한 리밋 스위치는 문이 후진한 상태로 리밋을 눌러주고 있기 때문에 4스텝의 타이머 카운터가 초를 셀 때까지 유지할 수 있는 것이다. 그리고 모터가 **정회전 후, 역회전할 때 정회전은 반드시 끊어 줘야 역회전이 가능하다.**

❸ 4스텝의 T000 타이머가 2초를 센 후 → 8스텝의 T0000이 동작하여 M0001이 ON 되고 자기유지 → M0001이 ON 되어 → 15스텝의 문 닫힘 모터가 가동하여 문이 닫히고 있는 중이다. (문이 닫히면서 문 열림 감지 리밋이 더 이상 동작을 안 하기 때문에 4스텝은 끊어진다.)

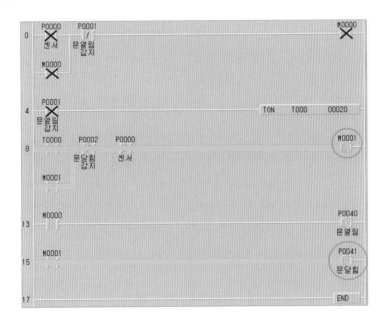

❹ 문이 닫히고 있는 도중에 사람이 들어오면 → 사람 감지 센서 P0000이 동작하여 → 0스텝의 P0000이 ON 되어 → M0000이 자기유지 상태가 된다.

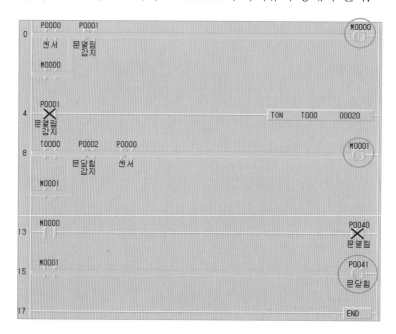

❺ 사람 감지 센서 P0000이 동작하기 때문에 → 8스텝의 B접점 P0000이 끊어지고 M0001의 자기유지가 풀어지면 → 15스텝의 문 닫힘 모터가 정지하고 → 0스텝의 M0000이 ON 되어 → 13스텝의 문 열림 모터가 다시 동작한다.

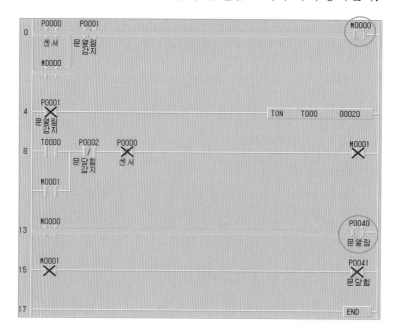

❻ 문이 완전히 열린 후 상태는 생략한다(② 참고). 다음은 문이 닫히고 있는 상태이다.

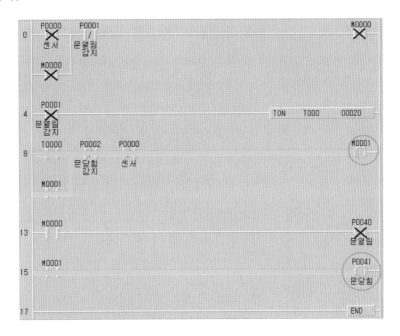

❼ 문이 완전히 닫히면 문 닫힘 감지 리밋이 동작하여 → 8스텝의 B접점 P0002가 차단되고 → 출력 M0001이 정지하고 자기유지가 풀리면 → 15스텝의 M0001도 OFF 되어 → 문 닫힘 모터가 정지된다.

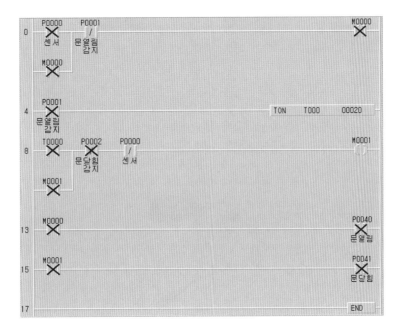

16 컴퓨터와 PLC 통신

① 컴퓨터와 PLC 통신을 하기 위해서는 우선 케이블이 필요하다.

RS232C 케이블이 필요한데 요즘 컴퓨터는 RS232C를 연결해 주는 게 거의 없고 USB를 사용한다. 별도로 컴퓨터를 살 때 RS232C 시리얼 포트를 주문하지 않는 이상 보통은 없는 것이 추세이다. 그래서 RS232C TO USB 컨버터가 필요하다.

준비물은 RS232C 케이블과 RS232C TO USB 컨버터이다.

RS232C 케이블은 인터넷 사이트에서 구입하면 되는데, 문제는 이 RS232C TO USB 컨버터이다. 컨버터를 잘못 살 경우 통신이 느려 컴퓨터가 잘 다운된다.

② RS232C 케이블을 주문하여 받아보시면 아래의 그림과 같이 한 케이블에 암, 수로 되어 있다.

③ 아래의 그림은 RS232C TO USB 컨버터이다.

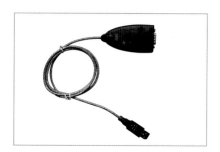

4 컨버터의 USB 커넥터를 컴퓨터의 USB에 꽂아 주고 → 컨버터의 반대편의 수놈을
RS232C 케이블 암놈에 넣고 → RS232C 케이블 반대편 수놈을 PLC에 꽂아 주면
된다.
PLC에 꽂는 곳은 한 곳 밖에 없으니 한번 찾아보자.

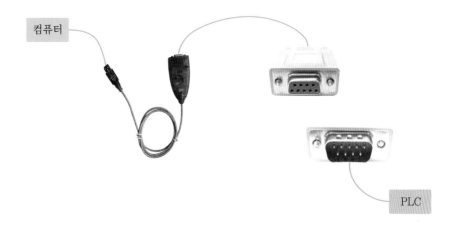

5 이것으로 끝날 수 있지만 초보자들이 처음 RS232C 케이블을 구매하고 많이 어려워
하는 부분이 있다. 그것은 바로 크로스시켜 케이블을 만들어야 한다는 것이다. 혹시
나 전기 관련 업체와 통화한 후 구매한다면 RS232C 케이블을 구매할 때 PLC와 연
결하여 쓸테니 꼭 크로스 케이블로 만들어서 보내달라고 해 보자.
그것이 여의치 않다면 방법은 또 있다.

6 우선 RS232C 케이블과 납, 인두기가 필요하다.
RS232C 케이블의 커넥터 중 암놈을 우선 십자 드라이버로 해체한다.

7 위의 암놈 단자를 분해하면 아래와 같이 나온다.

8 다음 2, 3, 5번 선과 실드선을 제외하고 전부 잘라 준다. 깨끗하게 잘라서 잘린 부분이 쇼트 안 되도록 한다.

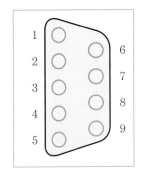

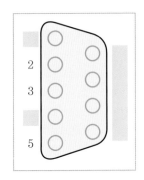

9 이제 2, 3, 5, 실드선 4개만 남게 된다.

10 인두기로 2번과 3번 선을 해체한다.
그리고 2번 선을 3번 자리에 다시 납땜하여 붙이고 3번 선을 2번 자리에 다시 납땜하여 붙인다. 5번은 그냥 놔둔다. 끝났으면 케이스를 다시 조립한다.

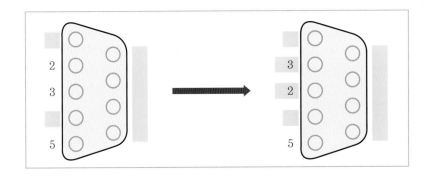

11 이제 크로스 케이블을 만들었다. ④와 같이 케이블과 컨버터를 연결하고 PC와 PLC에도 연결시켜 준다.

12 PLC 화면을 띄운다. 아래의 화면에서 PLC가 200S라면 [확인]을 클릭하고 아니면
자신의 PLC가 몇 S인지 찾아서 선택한 후 [확인]을 클릭한다.

10~120S까지는 블록형으로 친절하게 몇 S인지 나와 있다.
200~1000S까지는 모듈형으로 아래의 표를 참고한다.

	CPU부 표시
200S	K3P−XXX
300S	K4P−XXX
1000S	K7P−XXX

13 화면의 아이콘 중 콘센트 모양을 클릭한다

14 화면 하단 부분에 PLC와 접속 실패했다는 문구가 나올 수 있다.

```
19:51:01 Error Code 1 = 2
19:51:01 통신포트를 열 수 없습니다.
```

15 그러면 프로그램 상단의 [프로젝트]→ [옵션]을 클릭한다.

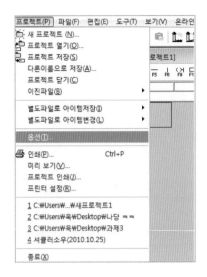

16 다음 접속 옵션 탭에서 → 통신 포트 중에 차례대로 COM1을 선택하고 [확인]을 눌러준다.

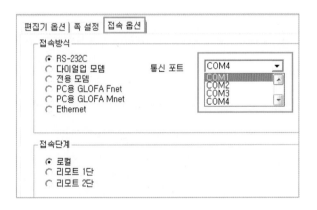

17 다시 프로그램 화면으로 가서 콘센트 아이콘을 클릭해 본다. 또 접속 실패가 뜨는지 확인해 보자.

18 또 뜨게 되면 다시 [프로젝트] → [옵션] → [접속 옵션] → [통신 포트] → 이번엔 [COM2]로 바꾸고 [확인]을 눌러 다시 접속해 본다.

COM 1~4까지 해 보자. 그 중에 하나는 맞을 것이다.

그런데도 안 되면 혹시 컨버터를 구매하시고 받은 CD로 드라이버를 설치했는지 확인해 보자. 컨버터 구매 시 매뉴얼을 보면 드라이버 설치 방법이 나와 있다. 매뉴얼 대로 진행해 보자.

19 제대로 다 했으면 다시 접속해 보자. 아래와 같은 문구가 나타나야 한다.

> **19:54:20 PLC**와 접속되었습니다.

20 PLC와 접속할 때 확인해야 할 것은 다음과 같다.

A. RS232C 케이블이 2번과 3번이 크로스되었는지 확인한다.(2, 3, 5번 실드선 사용, 나머지 절단)

B. 컴퓨터가 RS232C 케이블을 꽂을 곳이 없다면 컨버터를 구매하여 연결하였는지 확인한다.

C. 컨버터를 사용할 경우 드라이버를 설치하였는지 확인한다.

D. PLC 프로그램에서 접속 옵션의 통신 포트가 맞게 되어 있는지 확인한다.

E. 접속하기 전 새로 프로그램을 띄울 때 PLC 기종 선택이 맞는지 확인한다.

F. PLC를 잘 보면 토글 스위치가 있다. 3가지 모드 선택이 가능한데 RUN, PAU/REM, STOP으로 되어 있다. 이렇게 3가지 중 꼭 가운데 위치하고 있는지 확인한다.

• RUN – 강제로 PLC 프로그램 구동(프로그램 수정 불가능)

• PAU/REN – PLC 프로그램에서 PLC 구동, 정지 가능, 프로그램 수정 가능

• STOP – PLC 프로그램 정지

21 PLC와 컴퓨터가 접속되면 아래와 같은 아이콘이 활성화된다.

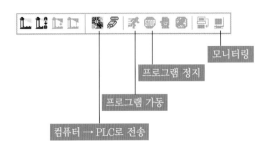

여기서 중요한 건 첫 번째의 컴퓨터에서 PLC로 프로그램을 전송하는 것이다. 만약 가동 중인 설비에 컴퓨터와 접속한 후 새 프로그램 상태에서 아이콘을 누를 경우 PLC 내부에 있던 프로그램은 없어져 버리므로 주의해야 한다.

이 아이콘은 프로그래밍을 다 끝낸 후 PLC로 전송시켜 동작시키고자 할 때 사용하는 것이다.

22 PLC의 프로그래밍된 것을 내 컴퓨터로 보고 싶을 때는 접속된 상태에서 아래의 화면과 같이 읽기[KGLWIN < = PLC]를 클릭한다.

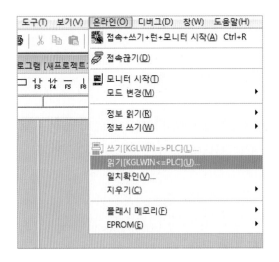

23 다음과 같은 그림들이 나오는데 전부 [확인]을 클릭한다.

그럼, PLC에서 프로그래밍된 내용을 컴퓨터로 읽어오게 된다.

24 프로그래밍을 한 후 PLC로 전송시키고자 할 때는 그림의 표시된 아이콘을 눌러서 전송시킨다. 아이콘을 누르면 ㉓과 같이 박스 화면이 나오는데 [확인]을 누르면 된다.

25 모니터링은 프로그램 접점들이 동작하는 것을 확인하기 위한 것이다.

모니터링 전

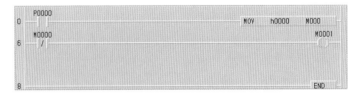

모니터링 후

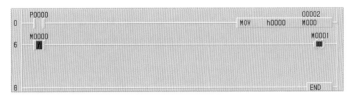

이렇게 파란박스가 연결되거나 동작하는 접점을 표시해 준다.

Part 2 〉〉〉
중급 명령어

1 D 명령

   원래는 이 부분도 초급 과정에 속하지만 실무를 경험해 본 바 초급으로 취급하기에는 좀 무리가 따른다고 판단하여 이 책에서는 중급 과정으로 구성하였다.

   초급 과정에서 배운 명령어들로 웬만한 설비(정밀을 요하는 설비 제외)는 다 프로그래밍할 수 있다. 하지만 중급 과정을 배우는 것은 좀 더 프로그램을 간단하게 처리하기 위함이다.

① [F3] → [P0000] → [F10] → [D M0000] → [F10] → [END]를 입력한다.
그러면 아래와 같은 화면이 나오게 된다.

② D 명령어는 **1 스캔 동안의 펄스 명령**이라고 한다. 여기서 스캔은 스캔타임이라고도 말한다.
스캔타임이란 0스텝에서 END 명령까지 프로그램을 읽는 시간이다. 초보 과정에서는 ▮▮▮▮ 이런 모양이었는데 지금은 D가 추가되었고 [F9]가 아닌 [F10] 응용 명령으로 입력하였다.
이 D 명령어를 사용하는 이유는 예제를 풀어 보면서 알아보자.

예제1
초기 상태에서 푸쉬버튼 스위치를 누르면 모터가 ON, 또 한 번 누르면 모터가 OFF, 또 한 번 누르면 모터가 ON, 또 한 번 누르면 모터가 OFF 된다. 이런 식으로 스위치를 누를 때마다 모터가 ON, OFF를 반복하는 프로그래밍을 만들어 보자. **이번 장에서 배우는 D 명령어를 활용해야 하지만 아직 잘 모르므로 초급 과정에서 공부한 것을 참고한다.**

조건

P0000 : 푸쉬버튼 스위치 / P0040 : 모터

다음은 PLC 래더도의 읽는 순서이다.

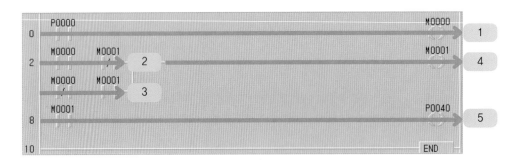

위의 PLC 래더도를 읽을 때, 예를 들어 1번 라인을 오른쪽으로 진행하며 읽는 도중에 왼쪽으로 읽을 수 없다. 앞에서 설명한 순서와는 다르다. 전에는 초보이기 때문에 출력이 어떻게 동작한다는 것을 설명하기 위해 큰 흐름만 설명했던 것이다.

[풀이] ❶ 이제부터 글자 하나하나 천천히 잘 읽어 보자.

우선 D 명령어를 사용하지 않고 프로그래밍한 것부터 알아보자. D 명령어를 사용할 때와 안 할 때의 차이를 비교하기 위해서이다.

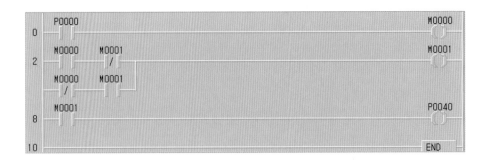

❷ 다음은 초기 상태이다. 2스텝의 B접점 M0001과 M0000은 연결되어 있다. 하지만 A접점들이 막고 있어서 동작을 못하고 있다.

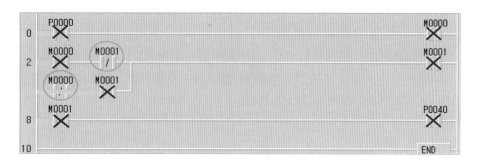

❸ P0000이 ON 되면 출력 M0000이 동작하고 → 2스텝의 A접점 M0000이 ON 되면 B접점 M0000은 차단된다.

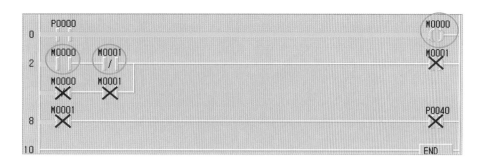

❹ 2스텝의 A접점 M0000이 ON 되면 → 2스텝 출력 M0001이 동작하고 → 8스텝의 A접점이 ON 되면 출력 P0040이 동작한다. (**아직 사람이 스위치를 누르고 있는 상태이다.**)

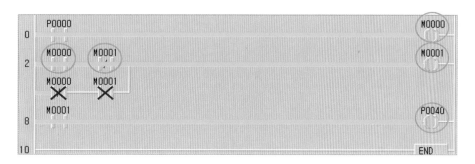

❺ END 명령을 만나서 다시 **0스텝부터 시작한다.** → 스위치를 아직 누르고 있기 때문에 0스텝의 출력 M0000은 아직 동작하고 → 2스텝의 A접점 M0000도 ON 된다. → 이전에 출력 M0001이 동작하여 2스텝의 B접점 M0001은 차단된다. → 그리고 2스텝의 B접점 M0000은 여전히 차단된 상태이고, A접점 M0001은 END명령어를 만나기 전에 M0001이 ON 되어 있기 때문에 연결된다. → 하지만 출력 M0001은 더 이상 왼쪽에서 물이 오지 못하기에 차단된다. 결국 8스텝도 전부 차단된다.**(아직 스위치를 누르고 있는 상태이다.)**

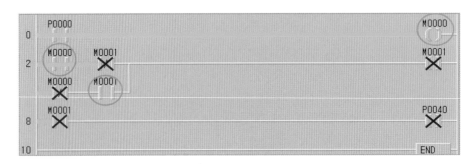

❻ END 명령을 만나서 다시 0스텝부터 시작한다. → 아직 스위치를 누르고 있기 때문에 0스텝의 M0000은 동작하고 → 2스텝의 A접점 M0000도 ON 된다. → **이전에 출력 M0001이 차단되어 있기 때문에 B접점 M0001은 연결되고** → B접점 M0000은 여전히 차단된 상태, A접점 M0001은 이전에 차단되어 → 결국 출력 M0001이 ON 되어 → 8스텝이 동작하게 된다.

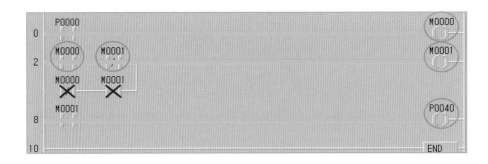

이렇게 END 명령어를 만나서 다시 0스텝부터 프로그램을 읽기 시작하는데 스위치를 누르고 있는 상태에서는 결국 P0040이 ON/OFF를 계속 반복하게 된다. **반복하는 속도는 프로그램상의 0스텝에서 END 명령어를 읽는 시간만큼 매우 빠르다.**

❼ P0040이 ON 되어 있는 상태에서 스위치에 손을 놓게 되면 → 0스텝의 M0000이 OFF 되어 2스텝의 A접점 M0000은 차단, B접점 M0001은 이전에 M0001이 ON

되어 있기에 차단, 2스텝의 B접점 M0000은 다시 연결, A접점 M0001은 이전에
ON 되어 있기에 연결된다. 이렇게 하여 스위치에 손을 놓아도 자기유지가 되어 8
스텝이 ON 된다.

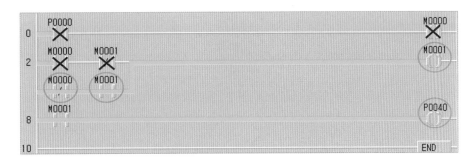

❽ 만약 P0040이 ON/OFF를 반복하는 중에 P0040이 OFF일 때 스위치에서 손을
놓게 된다. (현재 P0040이 OFF 상태)

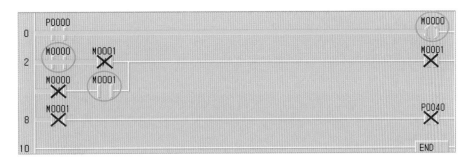

❾ 0스텝의 M0000이 OFF 되어 → 2스텝의 A접점 M0000 차단, B접점 M0001은
이전에 M0001이 OFF 되어 있기에 연결 → B접점 M0000은 연결, A접점
M0001은 이전에 M0001이 OFF 되어 있어 차단 → 이렇게 되어 결국 출력
M0001이 차단되어 → 8스텝도 OFF 된다.

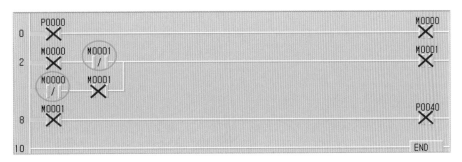

이렇게 프로그래밍하면 스위치에서 손을 언제 놓게 되느냐에 따라 P0040이 ON
이 될 수도 있고 OFF가 될 수도 있다.

그럼, 지금부터 D 명령어를 사용하여 실행해 보자.

❶ 다음은 초기 상태이다. 0스텝의 출력을 [F10] → [D M0000]이라고 입력하고
나머지는 전과 동일하다.

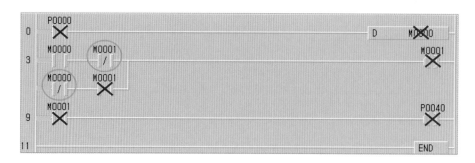

❷ **스위치를 계속 누르면** → 0스텝의 P0000이 ON 되어 출력 D M0000이 동작하
고, 3스텝의 A접점 M0000은 ON 되면, B접점 M0001은 그냥 지나치고 → B접
점 M0000은 끊어지고, A접점 M0001은 아직 차단되어 있고 → 이렇게 해서 출
력 M0001이 동작하여 → 9스텝의 M0001이 ON 되고 P0040이 동작한다.

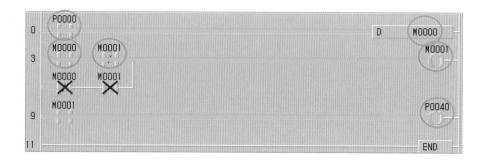

❸ D 명령어로 진행했기 때문에 END 명령어를 만나도 다시 0스텝부터 시작하지
않는다. 그래서 P0040이 ON 되어 있는 것이다.

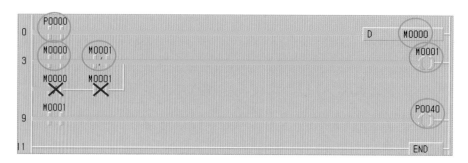

❹ 스위치에서 손을 놓으면 → 0스텝의 D M0000이 OFF 되어 → 3스텝의 A접점 M0000이 차단되고, B접점 M0001은 이전에 M0001이 ON 되어 있기 때문에 차단된다. → B접점 M0000은 0스텝의 M0000이 차단되었으므로 다시 연결되고, A접점 M0001은 **이전에** 출력 M0001이 동작하기 때문에 다시 연결되어 → 출력 M0001이 자기유지 상태가 되고 9스텝도 ON 된다.

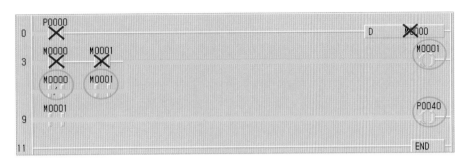

즉 D 명령어를 사용함으로써 END 명령어를 만나서 다시 0스텝으로 올라가는 것을 방지하기 때문에 스위치를 빨리 눌렀다 떼던지, 천천히 눌렀다 떼던지 상관없이 한 번 눌렀다 떼면 ON 되는 것이다.

❺ 아래의 그림 상태에서 다시 스위치를 누른다.

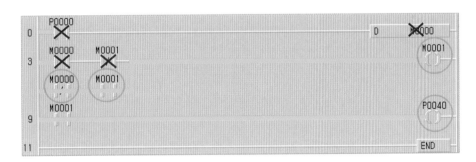

❻ 0스텝의 D M0000이 ON 되어 → 3스텝의 A접점 M0000이 연결되고, B접점 M0001은 이전에 M0001이 ON 되어 있기에 차단되어 있다. → B접점 M0000은 0스텝의 D M0000이 ON 되어 차단되고, A접점 M0001은 이전에 M0001이 ON 되어 있기에 연결되어 있고 → 결국 출력 M0001로 가는 물이 차단되어 9스텝도 OFF 된다.

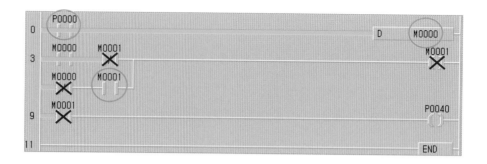

M 명령어를 사용하였을 때는 푸쉬버튼의 접점 ON, OFF 속도가 PLC 스캔타임 보다 느리기 때문에 END 명령어를 수십 번 왕복하게 된다. 즉 스위치를 수초만에 한 번 눌렀다 떼었을 뿐인데 PLC는 END 명령어를 수십 번 반복하게 되는 것이다.

그런데 D 명령어를 같이 사용한 M 명령어는 오래든, 짧게든 스위치를 눌러도 END 명령어까지 한 번만 수행하기 때문에 이렇게 스위치 1개로 ON/OFF가 가능한 것이다.

이번에 공부한 D 명령어가 어렵다면 일단 외우고 넘어간다. 대부분 처음에는 외우고 나중에 PLC랑 직접 연결하여 실무를 경험해 보면 이해가 간다.

TOFF 명령어는 타이머 명령어이다. TON과 반대라고 생각하면 된다.
우선 TON과 비교하기 위하여 예제를 따라해 보자.

조건

P0000 : 푸쉬버튼 스위치 / P0040 : 모터

스위치를 누르면 모터가 구동되고 3초 뒤에 정지되도록 해 보자.
타이머는 TON 타이머를 사용한다.

[풀이] ❶ 스위치를 누르면 0스텝의 P0000이 ON 되어 → 출력 M0000이 동작하고 자기유
지 상태가 된다.

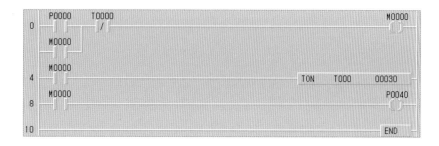

❷ 4스텝의 M0000이 ON 되어 타이머가 초를 세고 있고, 8스텝의 A접점 M0000
도 연결되어 P0040이 ON 되어 모터가 동작되는 것이다.

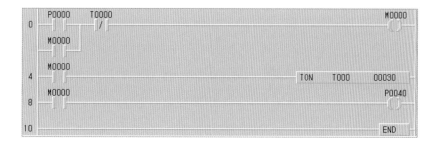

❸ 4스텝의 타이머가 3초를 세고 난 후 → T0000이 동작하여 → 0스텝의 B접점 T0000이 끊어져 M0000이 차단되면 자기유지가 끊어지고 → 8스텝도 OFF 되어 모터가 정지된다.

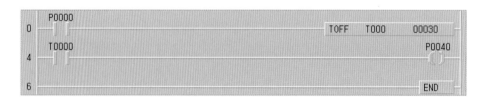

❹ 아래 그림은 TOFF를 사용한 것이다. 위에서 TON 타이머를 사용하였을 때와 같은 동작을 한다. 푸쉬 버튼을 누르고 있으면 TOFF가 ON 되어 → 4 스텝의 A 접점 T0000이 ON → 출력 P0040이 ON 된다. 하지만 TOFF는 푸쉬 버튼을 누른 상태에서는 초를 세지 않는다. 이 TOFF 타이머는 푸쉬 버튼에서 손을 놓는 순간부터 초를 세고 → 초를 세는 중에도 T0000의 접점은 ON 되어 있고 → 초를 다 세고 난 후 T0000 접점이 OFF 된다.

```
0   P0000                                    TOFF   T000   00030
4   T0000                                              P0040
6                                                         END
```

Point

TON과 TOFF의 차이점

- TON
  - TON이 ON 되어 세팅된 초를 세고 난 후 타이머 접점이 ON
  - TON이 초를 세기 위해서는 자기유지가 필요하며 중간에 차단되면 타이머 리셋
- TOFF
  - TOFF가 ON 되어 타이머 접점이 ON하고 세팅된 초를 세고 난 후 타이머 접점 OFF, 초를 세는 동안 타이머 접점은 자기유지
  - 스위치와 연결되었을 경우 스위치에서 손을 놓고 난 후부터 타이머 동작
  - 만약 스위치에서 손을 안 뗐을 경우 타이머는 초를 세지 않고 타이머 접점만 ON 상태 유지
  - 별도 자기유지 필요 없음
  - 초를 세는 동안 다시 TOFF가 ON 되면 타이머 리셋

3 TRTG 명령

TRTG 명령도 타이머 명령 중 하나이다.

다음 순서대로 입력해 보자.

[F3] – [P0000] – [F10] – [TRTG T0000 0030]

[F3] – [T0000] – [F9] – [P0040]

[F10] – [END]

1 동작은 TOFF와 동일하다.

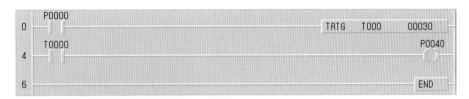

TOFF와 TRTG의 차이점

- TOFF : 스위치를 누르면 타이머 접점이 ON 되어 있고 스위치에서 손을 떼면 그 때부터 타이머가 초를 세기 시작함
- TRTG : 스위치를 누르면 타이머 접점이 ON 되어 바로 타이머가 초를 세기 시작함

TOFF와 TRTG는 타이머가 동작하는 도중에 다시 신호가 들어가면 타이머가 초기화된다.

4 CTUD 명령

순서대로 입력해 보자.

[F3] – [P0000] – [F10] – [CTUD C000 00010]

[F3] – [P0001] – [F5]로 연결

[F3] – [C0000] – [F5]로 연결

[F3] – [C0000] – [F9] – [P0040]

[F10] – [END]

① P0000이 ON할 때마다 U가 동작하여 카운터가 하나씩 올라간다.

② P0001이 ON할 때마다 D가 동작하여 카운터가 하나씩 내려간다.

③ 카운터가 〈S〉 00010, 즉 설정치 10개가 되면 카운터 접점 C0000이 동작하고 0스
텝의 C0000이 동작하여 R이 ON 되어 카운터는 리셋, 6스텝의 C0000이 동작하여
출력 P0040이 ON 된다.

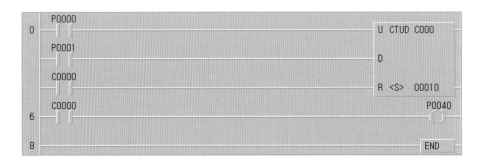

④ P0000이 ON 되어 카운터 수치가 올라가는 중 카운터가 8을 계수하였을 때, P0001
이 ON 되면 카운터가 감산하여 7이 되고, 다시 P0001이 ON 되면 6이 되고, P0000
이 ON 되면 7이 되고, P0000이 또 ON 되면 8이 된다.

어떠한 제품을 생산하고 몇 개를 생산하였는지 카운터를 이용하여 확인할 때 양품
일 경우 U에 신호를 주고, 불량일 경우에 D에 신호를 주면 양품일 때만 카운터 수치
가 올라간다.

MCS, MCSCLR 명령어는 2개가 한 세트이다. 이 명령어를 마스터컨트롤 명령이라고도 한다. 그리고 **총 7번**까지 사용할 수 있다.

1 순서대로 입력해 보자.
[F3] − [P0000] − [F10] − [MCS 0]
[F3] − [P0001] − [F9] − [P0040]
[F10] − [MCSCLR 0]
[F10] − [END]

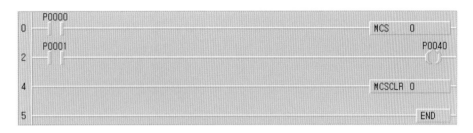

2 MCS, MCSCLR 명령어는 이 명령어 사이에 있는 출력을 구속시키는 것이다. 입력은 구속받지 않는다.

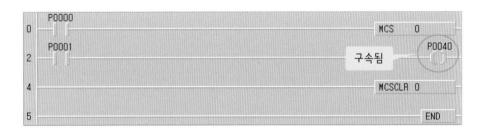

3 0스텝의 P0000이 OFF 되어 있으면 → MCS 0은 차단된다. → 그래서 2스텝의 A접점 P0001이 ON 되어도 출력 P0040은 동작할 수 없다.
2스텝의 출력 P0040이 동작하려면 → 0스텝의 P0000이 ON 되어 → MCS 0이 연결되어야 하고 → 2스텝의 A접점 P0001이 ON 되면 출력 P0040이 동작할 수 있다.

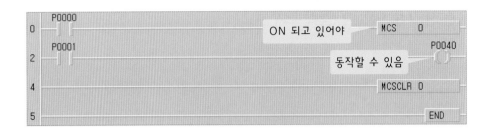

④ 아래의 프로그램도 마찬가지로 0스텝의 MCS 0이 ON 되어야 → 2스텝, 4스텝, 6스텝의 출력들이 동작할 수 있다.
0스텝의 MCS 0이 OFF 되어 있으면 2, 4, 6스텝의 P0001, P0002, P0003이 아무리 ON 되어도 출력은 동작하지 않는다.

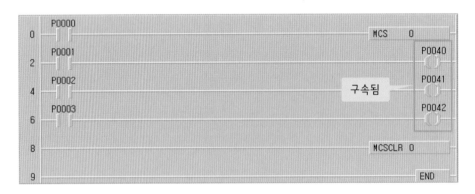

⑤ 아래의 프로그램은 MCS, MCSCLR이 구속시키는 구간이 2, 4스텝이므로 7스텝은 MCS 0과 아무런 상관없이 A접점 P0003이 ON 되면 출력 P0042가 동작하게 된다.

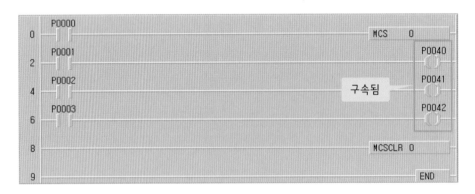

6 MCS, MCSCLR 명령-2

1 앞에서 MCS, MCSCLR 명령어는 0~7까지 사용할 수 있다고 하였다.
아래의 그림에서 0스텝의 MCS 0이 ON 되어야만 2, 4스텝의 출력이 동작한다.
그리고 MCS 0이 ON 되어도 8, 10스텝의 출력은 동작하지 않는다. 왜냐하면 6스텝
의 MCS 1도 ON 되어야 하기 때문이다.

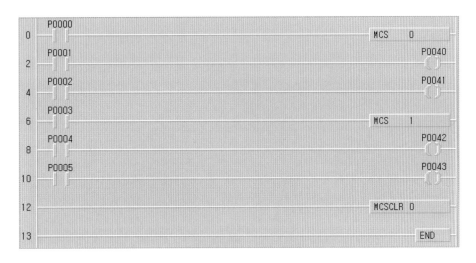

　아래와 같이 MCS 0이 MCS 1을 포함하고 있다. 즉, MCS 0과 MCS 1이 ON 되어
야 MCS 1을 포함한 출력이 동작할 수 있다.

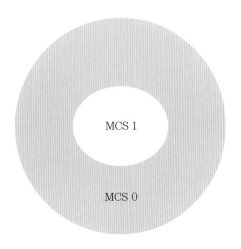

② MCS 0과 MCS 1이 ON 되어야만 8스텝과 10스텝의 출력이 동작할 수 있다.

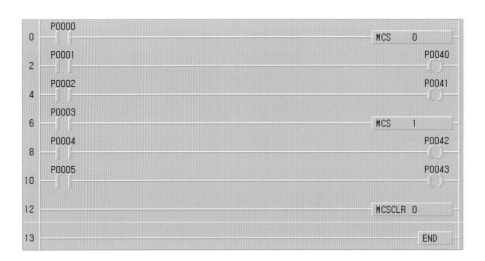

③ 다음은 MCS 0과 MCS 1이 ON 되어 있고, 해당 접점들이 ON 되어 있어서 출력 P0040~P0043이 전부 동작하는 상태이다.

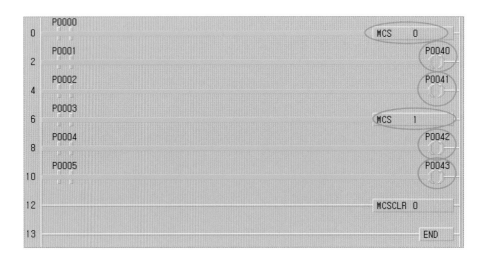

④ 이때 0스텝의 P0000이 OFF 되면 MCS 0 − MCSCLR 0 사이에 구속받는 모든 출력은 정지하게 된다. (단, 입력은 구속받지 않는다.)

⑤ 다시 MCS 0과 MCS 1이 ON 되어 있고, 해당 접점들이 ON 되어 있어서 출력 P0040~P0043이 전부 동작하는 상태이다.

6 이때 6스텝의 MCS 1이 OFF 되면 MCS 1−MCSCLR 0 사이에 구속된 출력은 다 정지하게 된다. 즉 2, 4스텝의 출력은 아무런 영향을 받지 않는다.

7 MCS 0, MCSCLR 0이 있는데, 마스터컨트롤 명령어는 0이 대장이라서 0이 OFF 되면 0 사이에 구속된 MCS 1도 같이 OFF 된다. 단, 아래의 그림과 같이 MCS 1, MCSCLR 1이 MCS 0에 구속되지 않는다면 별도로 동작한다.

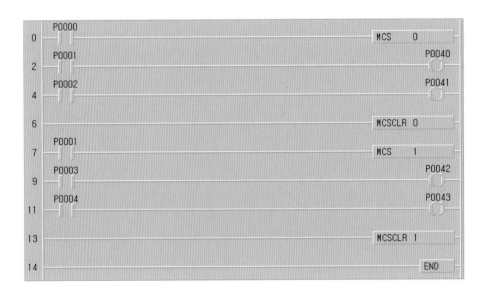

특수 릴레이

① 특수 릴레이라고 하여 정해진 접점이 있다. 이 중 몇 가지를 알아보자.

F0010 : 상시 ON (PLC 전원이 들어오면 바로 동작)

F0011 : 상시 OFF (PLC 전원이 들어오면 바로 정지)

F0090 : 20ms 주기 clock (0.02초 간격으로 ON/OFF)

F0091 : 100ms 주기 clock (0.1초 간격으로)

F0092 : 200ms 주기 clock (0.2초 간격으로)

F0093 : 1s 주기 clock (1초 간격으로)

F0094 : 2s 주기 clock (2초 간격으로)

F0095 : 10s 주기 clock (10초 간격으로)

ms(밀리세크), s(세크)

F0090~F0095 명령어는 예전에 배운 플리커 회로라고 생각하면 된다.

단, 예를 들어 주기가 2s라면 ON 2초, OFF 2초 이렇게 된다. 플리커 회로는 ON, OFF 시간을 바꿀 수 있지만 F 명령어는 정해져 있어 바꿀 수 없다.

아래의 프로그램이 시작을 하면 F0095를 사용하였기 때문에 10초 동안 P0045 ON, 10초 동안 P0045 OFF가 계속 반복된다.

② 그 밖의 특수 명령어를 보는 방법이다. 아래의 그림에서 아무 접점 입력창을 띄워 보자. 예를 들어 키보드 [F3]을 누른다.

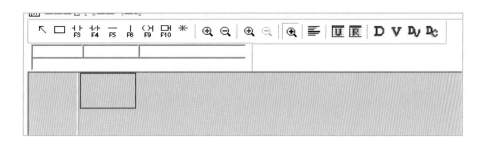

③ 아래의 그림과 같이 나오면 마우스로 플래그를 선택해 준다.

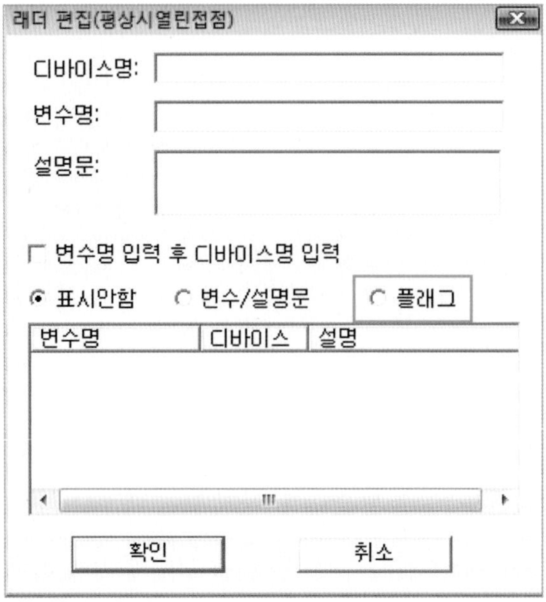

래더 편집(평상시열린접점)

디바이스명:

변수명:

설명문:

☐ 변수명 입력 후 디바이스명 입력

◉ 표시안함   ○ 변수/설명문   ○ 플래그

변수명	디바이스	설명

확인   취소

④ 아래의 그림과 같이 나오는데 표시된 부분을 마우스로 드래그하여 넓혀 보자.

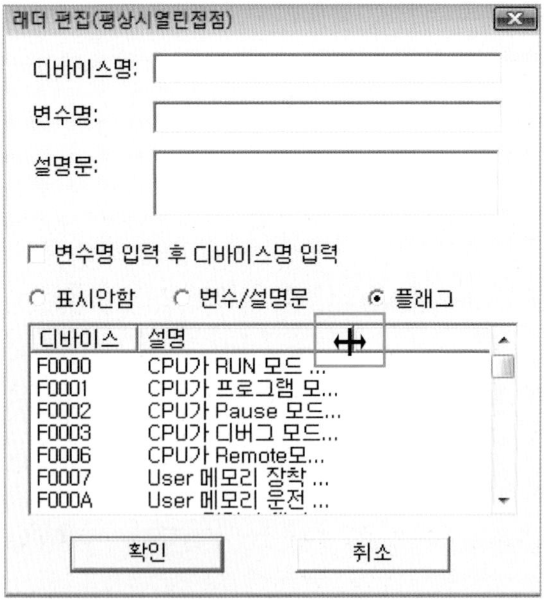

래더 편집(평상시열린접점)

디바이스명:

변수명:

설명문:

☐ 변수명 입력 후 디바이스명 입력

○ 표시안함   ○ 변수/설명문   ◉ 플래그

디바이스	설명
F0000	CPU가 RUN 모드 ...
F0001	CPU가 프로그램 모...
F0002	CPU가 Pause 모드...
F0003	CPU가 디버그 모드...
F0006	CPU가 Remote모...
F0007	User 메모리 장착 ...
F000A	User 메모리 운전 ...

확인   취소

5 그럼, 설명글이 다 보이게 된다. 아래 화면을 보고 싶으면 스크롤바를 마우스로 내려 보자.

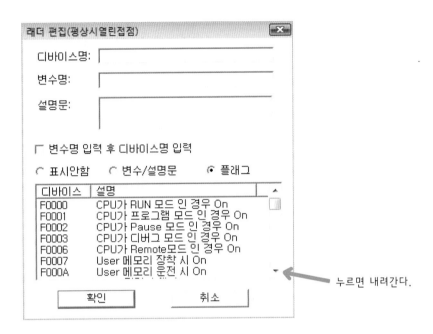

누르면 내려간다.

6 쓸만한 특수 명령어가 있는지 확인해 보자.

P L C

8 TMR 명령

(1) TMR은 타이머 명령어이다.
순서대로 입력해 보자.
[A접점 P0000] – [응용 명령 TMR T0000 0300]
[A접점 T0000] – [출력 P0040]
[A접점 P0001] – [응용 명령 RST T0000]
[응용 명령 END]

(2) TMR 타이머는 적산 타이머라고 한다. 0스텝의 P0000이 ON 되면 보통 타이머와 마찬가지로 초를 세기 시작한다. 이때 P0000이 차단되면 우리가 전에 배운 타이머는 초기화되지만 이 TMR 타이머는 **세틴 시간을 유지하고 있다.** 그리고 TMR이 세팅된 초를 세고 난 후 해당 접점이 동작하게 되면 **자기유지 상태가 된다.** 아래의 프로그램에서는 4스텝의 A접점 T0000이 자기유지되어 P0040이 계속 ON 된다.

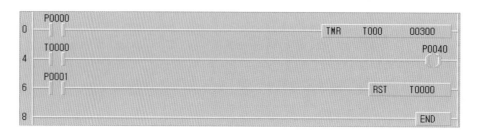

(3) TMR 타이머를 초기화시키기 위해서는 해당 접점을 아래의 화면과 같이 RST 명령을 사용하여 리셋시켜 주어야 한다.

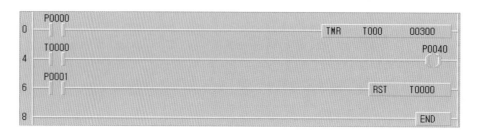

9 S 명령-1

1 [A접점 P0001] – [출력 S00.01]
[A접점 P0002] – [출력 S00.02]
이런 식으로 아래의 그림과 같이 입력해 보자.

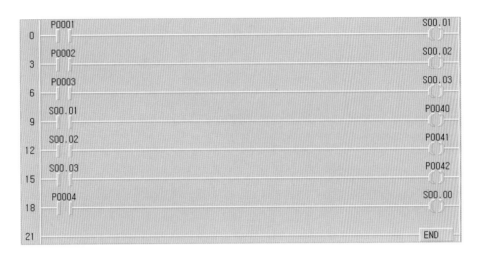

2 F9 SXX.XX 명령어를 사용할 경우 별도로 자기유지가 없어도 SXX.XX는 **자기유지가 된다.**

0스텝의 P0001이 ON 되면→출력 S00.01이 동작하고 자기유지되며→9스텝의 A접점 S00.01이 ON 되어→출력 P0040이 동작된다.

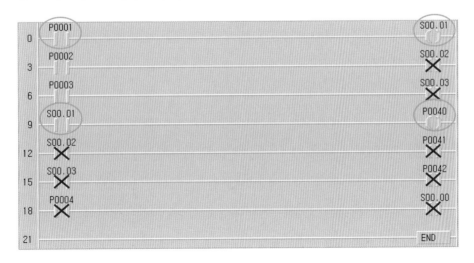

③ 현재 S00.01이 ON 되어 있는 상태에서→3스텝의 A접점 P0002가 ON 되면→출력 S00.02가 동작하고→**0스텝의 S00.01이 OFF 되며**→12스텝의 A접점 S00.02가 ON 되면→출력 P0041이 동작하게 된다. 즉 **S00.01이 OFF 되고 S00.02가 사**는 것이다.

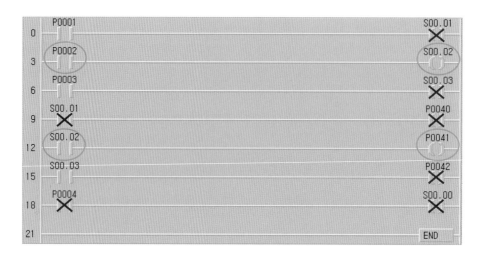

④ 현재 S00.02가 ON 되어 있는 상태에서 6스텝의 P0003이 ON 되면→S00.03이 동작하고, S00.02가 정지하게 된다.

⑤ 18스텝의 A접점 P0004가 ON 되면→출력 S00.00이 동작하여 모든 S00.XX는 OFF 되고 초기화된다.

6 S 명령어 사용 시 [F9]를 사용하여 출력할 경우 S00.09, S00.03, S00.01의 순서
와 상관없이 먼저 동작한 순서대로 ON 된다. [F10]을 사용하여 S 명령어로 진행할
경우는 다르다. **S 명령어는 딱 한 개만 ON 될 수 있다.**

7 S 명령어는 Saa.bb로 나눌 수 있다.
Saa=S00~S99까지 사용할 수 있고
.bb=마찬가지로 99까지 사용할 수 있다.
Saa에서 aa는 조를 나타내고(1분단, 2분단, 3분단, ~)
.bb는 스텝을 나타낸다. (몇 분단의 1번 자리, 2번 자리, 3번 자리, ~)
예를 들어, S35.09=35조의 09번이다.

8 S 명령어 사용 시 같은 조의 접점들만 사용 가능하다.
예를 들어, S01.00 / S01.01 / S01.02 ~ / S01.50 이렇게 사용하고 있는데 S30.51
은 위의 S01.xx와 아무런 상관없다.

9 S 명령어 리셋시킬 때는 해당조의 번호 뒤에 .00을 입력하면 된다.
S20.00 / S48.00 / S00.00 / S09.00
이렇게 제일 뒤의 숫자가 00이면 리셋시킨다는 것이다.
S 명령어는 같은 조에서 하나만 살 수 있으므로 주의한다.
예를 들어, S 명령어를 [F9]키를 이용하여 출력으로 사용할 때 S00.05, S00.07,
S00.44 이렇게 3가지가 있다. 입력 3개가 동시에 살게 되면 이 S 명령어는 높은 수
가 우선적으로 살게 된다. 즉 S00.00을 제외한 S00.01~S00.99 중에 동시에 동작
을 하게 된다면 제일 높은 숫자를 가진 S 명령어가 우선적으로 ON 된다.

10 S 명령-2

1   S 명령-1과 다른 점은 [F10] 응용 명령어 SET을 같이 사용하는 것이다.

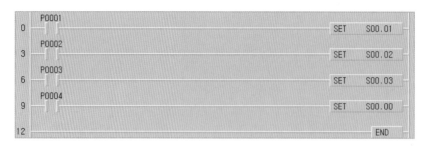

2   위와 같이 SET 명령과 S 명령을 같이 사용할 경우 순서대로만 동작을 한다.

S00.01 출력이 [F9]를 사용할 경우 번호 순서와 상관없이 먼저 동작하면 된다. 즉, S00.01 다음에 S00.45가 동작을 하면 그대로 진행한다.

SET   S00.01 출력을 SET과 같이 사용할 경우 꼭 번호 순서대로만 동작한다. 즉, **S00.01 다음에 S00.05가 동작할 수 없다.**

S00.01 다음에 S00.02 / S00.03 / S00.04 / S00.05 이렇게 순서를 거쳐야 한다.

3   P0001이 ON 되면 S00.01이 ON 되고 → P0003이 ON 되어도 동작하지 않으며 → P0002가 ON 되면 S00.01이 OFF 되면서 S00.02가 ON 되고 → P0001이 ON 되어도 다시 뒤로 가지 않는다. 이렇게 순서대로 S00.01~S00.03이 진행을 하고 S00.00이 ON 되면 모두 초기화가 된다.

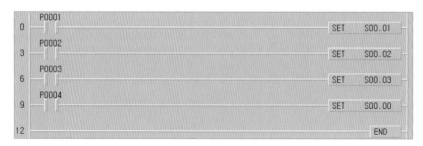

※ 중급 명령어는 여기에서 마무리한다.

예제 몇 가지 진행한 후에 결선 과정으로 넘어갈 것이다.

조건

P0000 : 푸쉬버튼 1   P0002 : 푸쉬버튼 2
P0040 : 모터1   P0041 : 모터2   P0042 : 모터3

푸쉬버튼 1을 한 번 누르면 모터 1 가동

한 번 더 누르면 모터 1, 2 가동

한 번 더 누르면 모터 1, 2, 3 가동

푸쉬버튼 2를 누르면 모든 모터 OFF

D 명령어를 이용하고, SET, RST, 카운터 명령어는 사용하지 않는다. [풀이]를
보기 전에 한 번 프로그래밍해 보자.

[풀이] 먼저 아래의 프로그램을 해석해 보자.

```
0      P0000                                                          D    M0000
      ──┤ ├────────────────────────────────────────────────────────────( )──

3      M0000    P0002    P0041                                              P0042
      ──┤ ├──────┤/├──────┤ ├──────────────────────────────────────────────( )──
       P0042
      ──┤ ├──

8      M0000    P0002    P0040                                              P0041
      ──┤ ├──────┤/├──────┤ ├──────────────────────────────────────────────( )──
       P0041
      ──┤ ├──

13     M0000    P0002                                                       P0040
      ──┤ ├──────┤/├──────────────────────────────────────────────────────( )──
       P0040
      ──┤ ├──

17                                                                         END
```

출력 P0040~P0042를 A, B 접점을 사용하여 자기유지, 인터록을 시켰다. 이는
설명의 편의를 위해 그런 것이므로 현장에서 적용시킬 때는 M 명령어를 거쳐서 자
기유지, 인터록을 한다.

❶ 푸쉬버튼 1을 누르면 0스텝의 P0000이 ON 되고 → D M0000이 ON 되어 END 명령어를 만날 때까지 동작한다. → 3스텝의 M0000이 연결되었지만 A접점 P0041이 차단되었기 때문에 더 이상 나갈 수 없다. → 8스텝의 M0000이 연결되었지만 A접점 P0040 때문에 차단된다. 13스텝의 M0000이 ON 되어→출력 P0040이 동작하여 자기유지하고→모터 1이 가동된다.

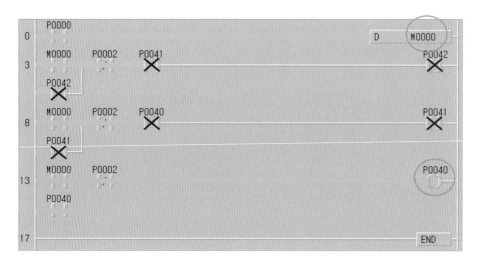

❷ 스위치를 한 번 더 누르면→ D M0000이 ON 되고→3스텝의 M0000이 연결되지만 A접점 P0041 때문에 더 이상 못 나간다.→8스텝의 M0000이 ON 되어 있고→이전에 P0040이 ON 되어 있기 때문에 A접점 P0040이 연결되어 있어 쭉 지나가서 출력 P0041이 ON 되어 자기유지 →모터 2가 동작한다.

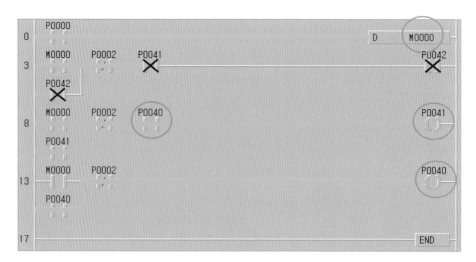

❸ 스위치를 한 번 더 누르면→D M0000이 ON 되어→3스텝의 M0000이 ON 되고→이전에 P0041이 ON 되어 있기 때문에 A접점 P0041이 연결되어 쭉 지나가서 출력 P0042 동작하고 자기유지→모터 3이 동작한다.

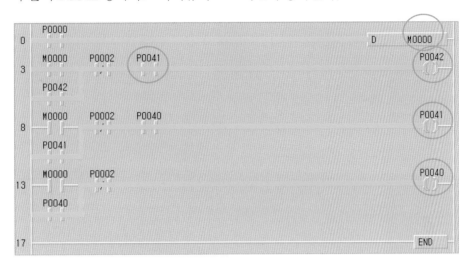

스위치를 누를 때마다 P0040 ON

         P0040, P0041 ON

         P0040, P0041, P0042 ON이 되었다.

❹ 스위치 2를 누르면 P0002가 동작하기 때문에 B접점이 끊어지고 전부 자기유지가 풀려서 모든 모터가 정지하게 된다.

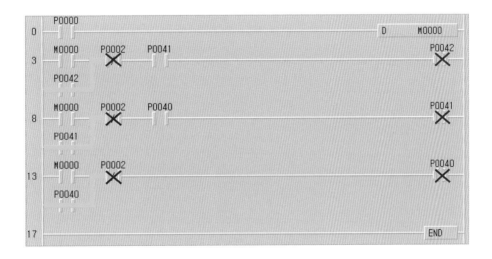

Part 3

PLC 결선

1 릴레이

지금부터는 PLC 결선(전기선 연결)에 대해 알아보자.

① 아래의 사진은 14P 릴레이 소켓이다.
여기서 P는 접점을 뜻하며 총 14개의 접점이 있기 때문에 14P라고 한다.

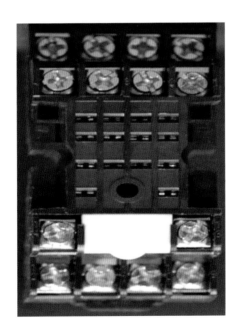

접점(단자) : 전기선 물리는 곳

② 릴레이를 눈으로 볼 때 아래의 사진에서 표시한 구멍 2개가 아래로 향해야 한다.

(○) (×)

③ 1번은 COMMON (같은 말 : 콤, COM, 컴먼, 콤먼, 공통)

1번과 2번을 합쳐서 **B접점**, 1번과 3번을 합쳐서 **A접점**, 4번은 **코일 단자**이다.

④ 같은 가로열의 단자는 같은 기능을 한다.

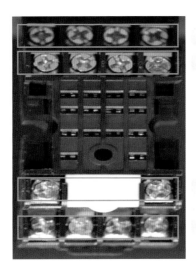

A접점 단자

B접점 단자

코일 단자

공통 단자

⑤ 다음은 중요한 부분이다.

아래의 사진에서

1, 2, 3이 한 세트이며 − 1, 2는 B접점, 1, 3은 A접점

ㄱ, ㄴ, ㄷ 한 세트이며 − ㄱ, ㄴ은 B접점, ㄱ, ㄷ은 A접점

A, B, C 한 세트이며 − A, B는 B접점, A, C는 A접점

가, 나, 다 한 세트이며 − 가, 나는 B접점, 가, 다는 A접점

이렇게 릴레이를 사용할 때 세로로 같은 줄이 한 세트이다.

예를 들어, 1과 ㄱ, ㄴ, ㄷ, A, B, C, 가, 나, 다는 서로 아무런 상관없다.
3과 ㄴ, ㄷ도 서로 아무런 상관없다. 세로로 같은 줄에 없기 때문이다.
그리고 세로로 된 줄에 코일 단자가 있는데 이는 제외한다.

6 다음은 릴레이 사진이다.
KH-103-4CL이라고 인쇄되어 있는데 그것은 중요하지 않다. 제조사에서 만들
때 적어 놓은 것인데 제조사마다 다르다. 꼭 알고 싶으면 제조사 홈페이지에서 찾아
보면 된다. 우리가 공부할 때 중요한 건 아래의 사진에서 표시한 부분이다. 표시 부
분에 보면 220VAC라고 되어 있는데 릴레이 사용 시 코일에 넣어 주어야 하는 전원
이다. 220VAC는 220V AC(교류) 전원이라는 뜻이다.

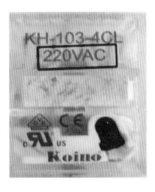

110VAC : 110V AC(교류) 전원 사용
24VAC : 24V AC(교류) 전원 사용
24VDC : 24V DC(직류) 전원 사용
12VDC : 12V DC(직류) 전원 사용

현장에서 근무할 때 릴레이 고장이 의심되어 교체하려는 경우 꼭 KH-103-4CL이
라고 되어 있는 것만 찾을 필요는 없다.

1. 릴레이의 다리와 소켓의 구멍이 맞는지 즉, 소켓이 14P이면 릴레이 다리도 14개
   이다.
2. 릴레이 사용 전압이 몇 V인지, 그리고 AC 또는 DC인지 알면 된다.

(7) 릴레이 정면에 표시된 사용 전압 표시가 지워져 있을 때 릴레이 내부 코일을 보면 알 수 있다.

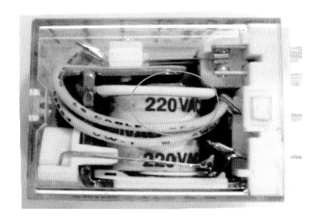

(8) 아래의 사진은 8P 릴레이 소켓 사진이다. 마찬가지로 가로로 같은 기능을 하며 세로로 같은 줄이 한 세트이다.

⑨ 다음은 릴레이를 사용하는 간단한 방법으로 **램프에 전원 1개가 항상 들어가고 있다.** 이제 나머지 전기만 들어가면 램프가 동작을 한다. 그리고 릴레이 공통 단자에서는 램프가 필요한 나머지 전기가 대기 중이다. 릴레이 코일에 전원을 2개 넣어 주면 릴레이 코일이 동작하면서, 1번과 3번이 A접점이므로 코일이 동작하면 서로 연결되어 램프에 나머지 전기가 들어가 램프가 동작하게 된다.

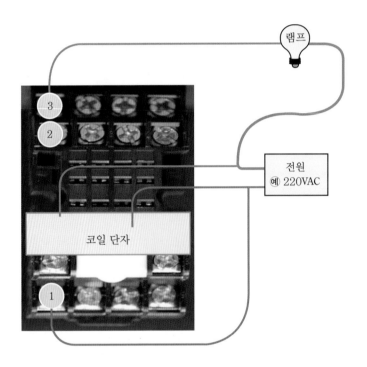

우리가 배우는 PLC에서는 릴레이를 사용하여 자기유지를 하지 않기 때문에 이 정도로 설명하겠다.

릴레이 코일 단자에 전원 2개가 들어가면 릴레이는 동작을 해서 A접점은 연결되고 B접점은 떨어진다는 것은 꼭 알아야 한다.

2 AC, DC

① PLC 및 시퀀스 제어를 하다보면 사용 전원이 AC와 DC가 있는 것을 알 수 있다.
이 책에서는 이론보다는 현장에서 바로 알 수 있는 부분 위주로 설명할 것이다.

② AC는 교류 전압으로 110V, 220V, 380V를 많이 사용한다. (V=볼트)
DC는 직류 전압으로 5~24V를 많이 사용한다.

③ 오실로스코프라는 장비가 있다. 이것은 예를 들어 병원에서 심장 박동수를 체크할 때
파형이 물결치며 움직이는 것을 볼 수 있는 장비를 말한다.

AC 전압을 오실로스코프로 보면 파도 모양같이 물결을 친다.

DC 전압을 보면 직선으로 보여진다.

DC 전압은 +, -가 있다. AC 전압이 DC 전압보다 높다.

④ 현장 전기 판넬에서 전압이 AC인지 DC인지를 구분하는 방법에는 여러 가지가 있
다. 우선 판넬을 보거나 전기 기기를 보면 사용 전압이 표시되어 있다. 또는 테스터
기로 체크하는 방법도 있다.

• AC를 확인할 때

R, S, T는 삼상 전원을 표시한다. 이는 보통 220~480V일 때 이와 같이 표시한
다. U, V, W는 모터측에 많이 표시한다. 보통 220~480V이다.
R220, R200, R100, T220, T110, T100 등으로 표시하기도 하는데 마찬가지로

AC 전압이라는 뜻이다. 그리고 220, 200, 110, 100이라고 표시하기도 한다.
대체로 흰색 선과 검정색 선을 많이 사용하고, 또 선의 굵기가 DC 전원선보다 보통은 굵다.(실제로 다를 수도 있다.)

• DC를 확인할 때

P, N, G
DC 24V, +24V, −24V
P24, N24
P24V, N24V
이와 같이 표시한다.

갈색 선은 +, 파란색 선은 −로 많이 사용한다.(언제나 그런 것은 아니므로 참고만 한다.) 빨간 선도 +로 많이 사용한다. 검정색 선은 신호선으로 + 또는 −일 수가 있다.

이렇게 판넬을 열어 전기선에 적혀 있는 것을 보았을 때 R, S, T란 영어가 표시되어 있으면 AC 전압이고, P, N, G란 영어가 표시되어 있으면 DC 전압이다.(실제로 차이가 있을 수도 있다.)

5 전기 용어 중에는 전압, 전류, 저항이 있다.
V = 전압(볼트, V)
I = 전류(암페어, A)
R = 저항(옴, Ω)

Point

전압 : 물이 흘러가는 배관
전류 : 배관을 흘러가는 물
저항 : 배관 안의 물이 흘러가는 것을 방해하는 돌멩이

대체로 배관이 클수록 물도 세게 흘러간다. 그래서 전압이 높으면 전류도 세지는 것이다. 전압을 말할 때는 '크다, 작다' 라고 말하고, 전류를 말할 때 '세다, 약하다' 라고 말한다.

6 전기 작업을 할 때는 위험에 대비해서 항상 마른 장갑을 사용해야 한다.

PLC 전원 연결하기

1 PLC는 블록형과 모듈형 2가지가 있다.
아래의 사진은 블록형이다. 표시된 부분을 살펴보자.

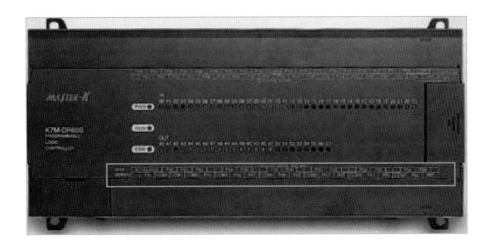

2 표시된 부분을 확대해서 보면 다음 그림과 같다.
표시된 부분에 전원을 연결하면 AC 전압 100V에서 240V까지 가능하다.

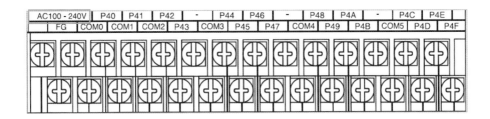

3 ②에서 표시된 부분 밑에는 단자대가 있다. 아래 그림과 같이 1:1로 적용된다.

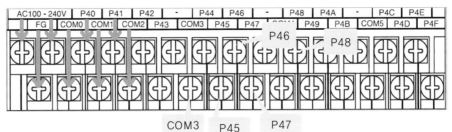

4 그럼, 이제 PLC에 전원을 연결해 보자.

콘센트에서 220V 전기 1개가 항상 PLC의 전원 단자 1개에 들어가고 있다. 이제 전기 1개만 더 들어가면 동작을 하게 되는데 스위치 앞에 막혀 있다.

시작 스위치를 누르면 나머지 전기가 PLC 전원에 들어가 PLC에 전원을 공급하게 된다.

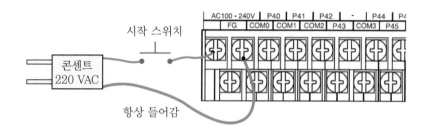

실제로 배선을 할 때는 차단기나 퓨즈 등을 거쳐서 전원을 연결한다. 여기에서는 간단하게 이렇다는 것만 이해하면 된다.

5 다음 사진은 모듈식으로 표시 부분이 전원부이다.

6️⃣ 전원부의 커버를 열어 보면 다음과 같다.

AC100~240V
연결하면 된다.

DC+24V
전기가 나온다.

DC-24V
전기가 나온다.

7️⃣ 블록형과 마찬가지로 전기 1개는 항상 전원 단자 1개에 들어가고 있고 스위치를 누르면 나머지 전기가 들어간다.

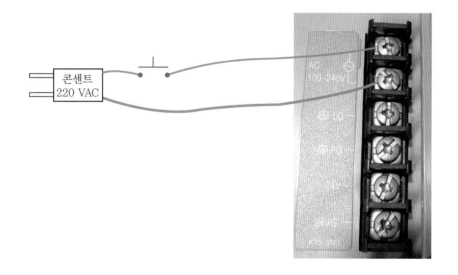

콘센트
220 VAC

이렇게 콘센트를 사용할 수 있고, 현장에서는 차단기를 사용하여 전기 2개를 연결해서 많이 사용한다. 집에서는 간단하게 콘센트에 연결하여 연습하면 된다.

4 입력 공통(COM) 연결

① 블록식은 표시된 부분이 입력부이다. 반대로 아랫부분이 전원부와 출력부이다.
PLC를 보면 블록형은 몇 번부터 몇 번까지가 입력인지, 출력인지 적혀 있다.
윗부분에 적힌 것이 입력 범위이고, 아랫부분에 적혀 있는 것이 출력 범위이다.

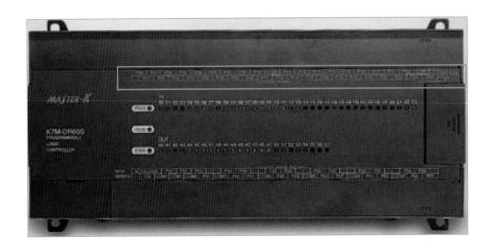

② 입력부의 커버를 열어 보면 아래의 그림과 같이 나온다.
전원부에서 설명했듯이 식별 표시와 접점이 1:1이다.
여기서 중요한 건 공통(COM) 단자이다.
공통 단자가 총 2개가 있다. (기종마다 다름)

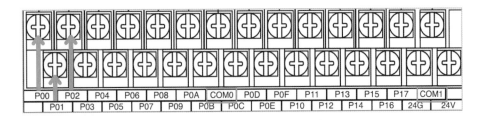

③ 이 공통 단자가 영향을 주는 범위이다.

COM 0번은 입력 P00 ~ P0B까지이다.

COM 1번은 입력 P0C ~ 나머지까지이다. (기종마다 조금씩 다르다. 아래는 80s이다.)

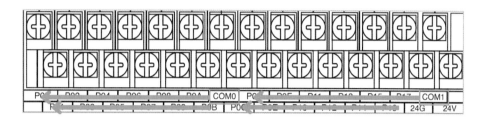

4 그리고 블록식도 마찬가지로 DC 24V 전기가 나온다.

24G＝−24V / 24V＝＋24V이다.

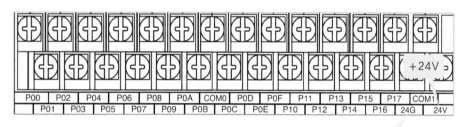

5 현장에서 사용할 때는 별도로 파워 서플라이를 사용하지만 원리는 같으므로 PLC에서 나오는 DC 24V를 이용하여 입력 공통을 연결한다. DC +24V를 COM1과 COM0에 전기선을 연결한다.

이제 이 PLC는 **+전기가 입력 공통이 되었으며** 해당 접점에 −전기가 들어가면 PLC의 입력이 동작을 한다.

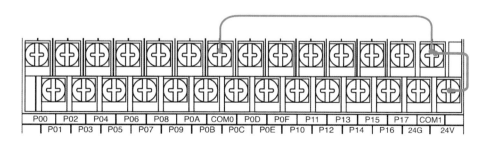

6 즉 P00에 −24V DC 전기가 들어가면 **프로그램상의 A접점 P0000은 연결되고**, B접점 P0000은 차단되는 것이다.

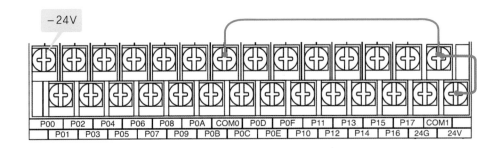

7 이렇게도 공통(COM)을 연결할 수 있다. 전에 설명했던 것과 반대로 DC −24V를 공통으로 사용하였다. 이제 이 PLC는 해당 접점에 DC +24V가 들어가야 **프로그램**의 접점이 동작을 한다.

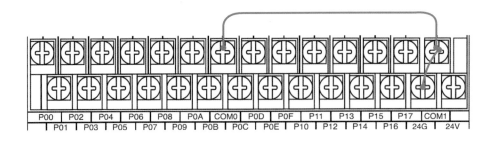

8 아래의 그림은 AC 220V 전기를 사용한 것이다.
예를 들어 R상을 공통으로 연결하였다. 이제 해당 접점에 R상이 아닌 다른 상의 전기가 투입되면 프로그램상의 접점이 동작을 한다.

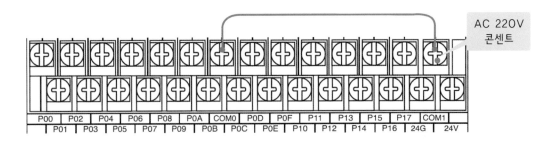

R상은 AC 전기 중에 R, S, T 이렇게 3개가 있는데 AC 전기는 앞서 설명했듯이 오실로스코프 장비로 보면 물결을 치고 R, S, T 3개 중에 1개를 R이라고 했을 때 R 전기가 아닌 R상이라고 말한다.

그냥 R=R상, 같은 말이라고 여기서는 이해하고 넘어가자.

즉, 콘센트에서 뽑아 쓴 220V 전기라면 선이 2~3개 있을 것이다. 3개일 경우에는 녹색선이 접지선이기 때문에 제외한다. 제외하고 2개가 남는데 2개 중에 1개를 공통에 연결시키고 나머지 1개를 사용하여 해당 접점에 들어갈 수 있게 연결하는 것이다. 가정에서 연습할 때는 AC 220V를 공통으로 하지 말고 PLC에서 나오는 DC 24V 전기를 사용한다.

9 다음은 모듈식이다. 앞에서 잠깐 설명했지만 모듈식에서 입력인지 출력인지 확인하려면 아래의 표시된 부분을 매뉴얼을 보고 찾아보는 방법이 있는데, 찾아보는 방법은 다음에 알아보자. 우선 표시된 부분이 파란색이면 입력이고, 주황색이면 출력이다.

10 ⑨번의 실물 사진을 그림으로 보면 아래와 같으며, 첫 번째 COM은 00~07까지 적용되고 두 번째 COM은 08부터 나머지까지이다.

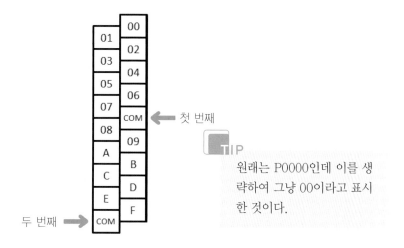

TIP
원래는 P0000인데 이를 생략하여 그냥 00이라고 표시한 것이다.

11 모듈식도 마찬가지로 입력 공통을 PLC 자체의 DC 전원으로 사용해 본다. 앞에서 설명했듯이 PLC 전원부에 보면 DC 전원이 나온다.

DC −24V를 공통으로 연결하였다. 이제 해당 접점에 DC +24V 전기만 들어가면 프로그램상의 접점이 동작하게 된다.

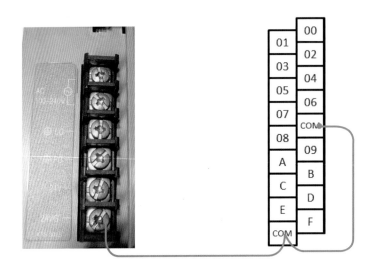

12 AC 220V 전기를 사용하여 공통 연결을 할 수 있다. 블록형과 같으니 블록형의 설명을 참고하면 된다.

집에서 해볼 때는 꼭 DC 전원을 사용하여 연습해 보자.

입력 연결

앞에서 입력 공통을 연결해 보았다. 이제 입력을 연결해 보자.

입력에는 스위치, 센서 등이 있다. 스위치는 푸쉬버튼(복귀형), 실렉트 스위치(유지형) 등이 있다. 센서에는 리미트, 수투광기, 레벨 검출, 자계 검출, 수위 검출, 용량 검출, 금속 검출 등등이 있다. 여기서는 간단하게 스위치와 포토 센서를 이용해 보자.

1 다음은 블록형 PLC이다. 여기서는 DC −24V를 COM으로 사용한다.
이제 +24V만 연결하면 된다.

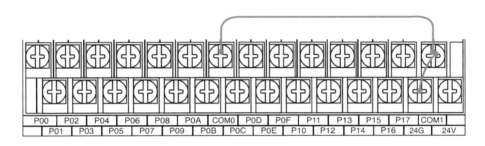

2 DC +24V 전기가 스위치 뒤에서 대기 중이다.
사람이 이 스위치를 누르면 연결되어 DC +24V 전기가 P00 접점으로 흘러들어가 동작을 하고 프로그램상의 모든 P0000이 동작을 한다. A접점은 동작하고 B접점은 차단된다.

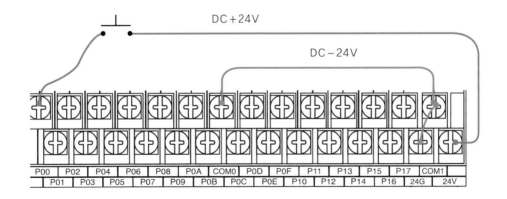

이런 식으로 스위치가 차단되었다 누르면 연결되는 것을 이용하여 스위치들을 P01~P17까지 필요한 만큼 연결하고, 그 스위치를 누르면 프로그램상의 접점이 동작하게 된다.

③ 포토 센서로 예를 들어 보면, 포토 센서도 제조사마다 사용 방법이 다르다. 이건 그때그때 사용 설명서를 읽어보면서 사용해야 한다.

㉾ 전원 : 회색, 흰색   공통 : 흑색   A접점 : 빨강   B접점 : 파랑

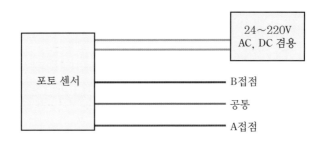

위의 포토 센서 사용 방법은 회색, 흰색 선에 AC 또는 DC 전기 24~220V를 넣어 준 상태에서 포토 센서가 어떠한 것을 감지하면 포토 센서 내부의 흑색 선과 빨강 선이 연결되고, 포토 센서가 아무것도 감지를 못하면 흑색 선과 파랑 선이 연결되는 것이다. 제조사마다 선의 색깔에 따라 전원인지 A접점인지가 다르므로 꼭 설명서를 확인해야 한다.

④ 포토 센서의 전원이 FREE 전원이기 때문에 그냥 PLC의 DC 24V 전기를 연결하였다. 그리고 포토 센서의 공통 단자에 DC +24V를 연결하였다. 그럼, 이제 포토 센서

가 동작하면 포토 센서의 공통 단자와 A접점 단자가 서로 연결되어 DC +24V 전기가 PLC P00으로 흘러 들어가 프로그램상의 P0000이 동작을 한다.

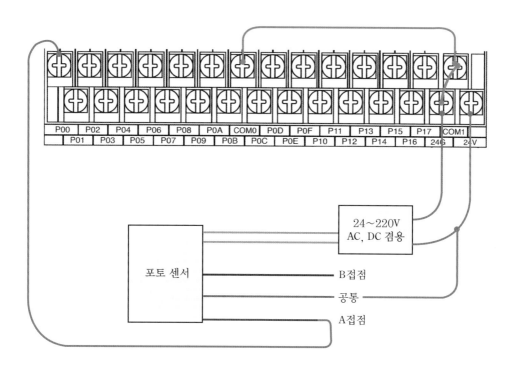

위의 포토 센서를 사용하여 입력 연결한 것을 이해했다면 앞으로 어떤 것이든 응용하여 연결할 수 있을 것이다.

단, 해당 기기의 사용 설명서 해석이 가능해야 한다.

5 다음은 AC 220V 전기가 COM일 때 포토 센서 AC 220V를 사용한 것이다.

포토 센서의 전원을 콘센트에서 연결하였다.

그리고 콘센트의 전기 2개 중에 1개가 공통으로 들어가 있다. 이제 콘센트의 다른 쪽 전기가 접점으로 들어가면 되는데 다른 쪽 콘센트 전기는 포토 센서 공통에 연결되어 있다.

이제 포토 센서가 어떤 것을 감지하면 콘센트의 다른 쪽 전기가 A접점을 타고 흘러 들어가 P00이 동작하게 된다.

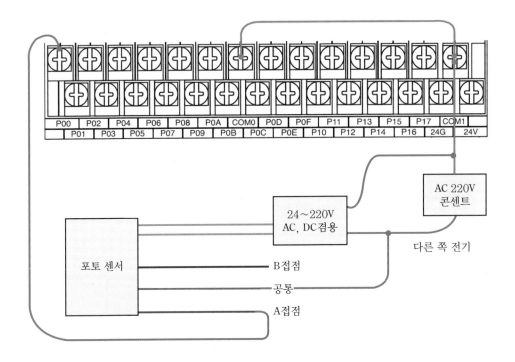

입력을 연결할 때 우선 PLC의 공통(COM) 단자가 어떻게 되어 있는지 확인한다.

공통이 +DC 24V일 때는 입력 접점에 반대로 −DC 24V 전기가 들어가야 하고, 공통이 −DC 24V일 때는 반대로 +DC 24V 전기가 입력 접점으로 들어가야 하며, AC 220V 중 1개가 공통일 때는 나머지 전기가 입력 접점으로 들어가야 동작을 한다.

즉, 공통이 어떤 것일 때 이와 반대되는 것이 입력 접점으로 들어가야 하는 것을 이용하여 그 중간에 스위치나 센서를 사용하는 것이다.

모듈형은 블록형과 서로 비슷하기 때문에 설명을 생략한다.

6 출력 공통 연결

1 블록형 PLC의 출력부는 아래와 같이 표시된 부분에 있다.

2 이를 확대해서 보면 다음과 같다. COM(공통)이 총 6개가 있다.
(다음 그림은 PLC MASTER-K80S 기종이다.)

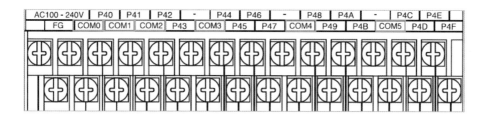

3 다음은 공통 단자가 포함하는 범위이다.

COM0 = P40   COM1 = P41   COM2 = P42, P43
COM3 = P44 ~ P47   COM4 = P48 ~ P4B   COM5 = P4C ~ P4F

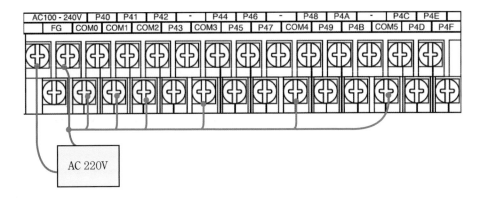

4 PLC에 220V 전원을 공급하고 이 중 1개를 공통으로 연결한 것이다.

이제 이 PLC는 220V 중 1개의 선이 공통 단자가 되어 있다. **PLC의 출력이 동작을 하면 해당 접점에서 공통 단자의 전기가 나오게 된다.**

5 아래와 같이 공통 단자와 해당 접점은 PLC 내부에서 서로 스위치로 되어 있다. 예를 들어, **프로그램상의 P0040 출력이 동작하면** PLC의 COM0과 P040이 서로 연결된다.

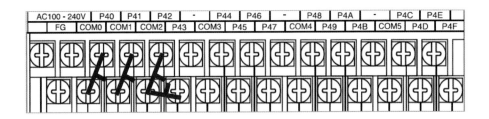

프로그램상의 P0041이 동작하면 PLC의 COM1과 P41이 서로 연결된다.
프로그램상의 P004F가 동작하면 PLC의 COM5와 P4F가 서로 연결된다.

6 입력과 출력의 개념이 다르다.

입력 : 외부에 있는 어떠한 신호, 즉 센서나 스위치가 동작하면 프로그램상의 접점
이 동작을 하는 것이다.

출력 : 프로그램상의 접점이 동작을 하면 PLC의 접점이 동작하게 되는 것이다.

7 PLC 자체의 DC 전원을 이용하여 공통에 연결해도 된다. 하지만 가정에서 연습할때
는 크게 무리가 없지만 실제 현장에서 적용시켜서 할 때는 파워 서플라이를 꼭 사용
해야 한다.

PLC 자체의 DC 전원은 많은 양의 전기 기기를 동작시킬 수 없기 때문이다.

8 다음은 모듈 형식이다. 입력과 마찬가지로 COM이 2개가 있다. 이번에도 AC 220V
전기를 공통으로 사용하였다. 이제 프로그램상의 출력이 동작하면 PLC의 출력 접
점에서 전기가 나오게 된다.

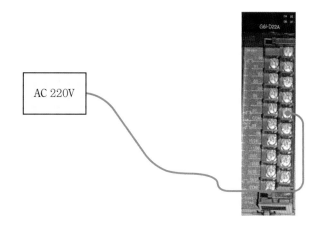

PLC 출력은 프로그램상의 출력이 동작하면 PLC의 접점에서 전기가 나오게 된다. AC
220V를 나오게 하고 싶으면 공통 단자에 AC 220V 전기를 연결하면 되고, DC +24V
전기를 나오게 하고 싶다면 DC +24V 전기를 출력 공통 단자에 연결하면 된다.

7 출력 연결

① **출력 기기의 종류는 아주 많다.** 모터, 솔밸브, 형광등, 부저, 컴퓨터, 모니터, 램프 등 실제로 어떠한 동작을 하는 기기들이다.

아래와 같이 AC 220V 전기가 전원에 물려 있고 그 중 1개를 공통으로 연결하였다.

이제 램프, 솔밸브, MC, 릴레이를 동작시키기 위하여 연결해 보자.

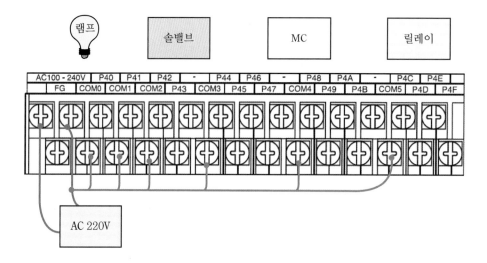

② 대부분의 전기 기기는 전기 2개가 들어가야 동작을 한다. AC 전원에서 전기 1개를 전기 기기들에게 연결하였다.

이 전기 기기는 나머지 전기가 들어가면 동작을 할 수 있다.

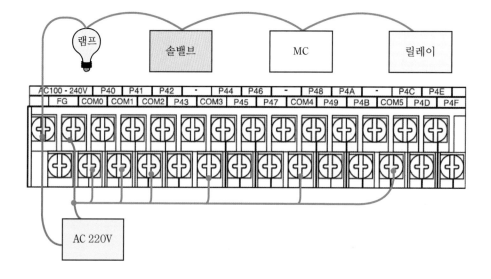

3 아래의 그림은 램프와 연결한 것이다.

이제 이 램프는 프로그램상에서 출력 P0040이 동작하면 PLC의 P40 접점이 동작을 하므로 나머지 전기가 램프로 들어가서 동작하게 된다.

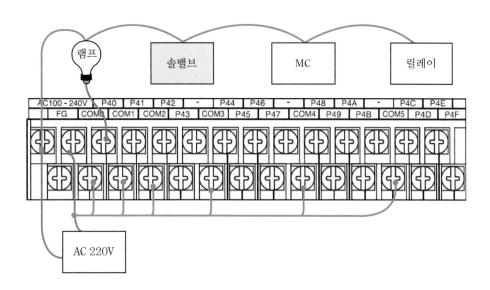

4 이런 식으로 나머지 기기들도 다 연결하였다.

램프 = P40 / 솔밸브 = P41 / MC = P42 / 릴레이 = P43

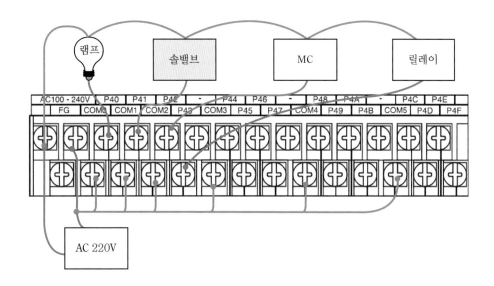

이렇게 전기 기기들은 전기 2개가 들어가야 동작한다는 것을 이용하여 우선 전기 기기들에게 전기 1개를 항상 공급하고 있는 상태에서 PLC의 출력이 동작하면 전기 기기가 필요한 나머지 전기 1개가 들어가서 전기 기기들이 동작을 하게 되는 것이다.

이 내용은 아주 중요한 것이며 처음 전기나 PLC를 다룬다면 꼭 이 부분을 이해하고 넘어가야 한다.

전기 기기들 중에 AC 전기를 사용하는 것과 DC 전기를 사용하는 것들이 있다.

AC 전기에 R, S, T 상이 있다면 DC 전기에는 +, -가 있다.

AC 전기 R, S, T 중에 2개를 사용하면 전기 기기들이 동작을 하고, DC 전기는 +, -를 넣어 줘야 기기들이 동작을 한다. 만약에 DC 전원을 사용해야 하는 전기 기기라면 PLC 공통 단자에 +나 - 전기를 넣어 주고, PLC 공통 단자에 + 전기가 들어가고 있다면 전기 기기들은 - 단자를 연결하여 - 전기가 항상 전기 기기에 들어가도록 해야 한다. 이제 + 전기가 전기 기기에 들어가면 동작을 하는데 이 부분을 컨트롤하기 위해서 중간에 PLC를 사용하는 것이다.

모터 중에 3상 모터라는 것이 있다. 3상 모터는 전기 R, S, T 이 세 개를 다 사용하는 것이다.

PLC를 사용하여 2상 모터나 3상 모터를 동작시키고 싶을 때는 꼭 MC(전자접촉기)를 사용해야 한다. PLC에서 바로 전기를 모터에 연결하면 안 된다.

8 PLC 결선 복습하기

1 아래의 PLC는 입력 2개와 출력 2개가 있다.
G6I-D22A는 입력이고, G6Q-RY2A는 출력이다.

2 이러한 G6I-D22A나 G6Q-RY2A가 무엇인지 알아보는 방법이 있다.
LS산전 홈페이지에 접속하여 로그인을 한다. 그리고 Download 자료실에 들어가
보자. 14쪽의 [4] PLC 프로그램 설치하기에 보면 자세히 나와 있다.
그리고 다음과 같은 화면이 나오면 master를 입력한 후 [검색]을 클릭한다.

· 제품 대분류	대분류	▾	· 제품 소분류	소분류	▾
· 제품명	제품명	▾	· 다운항목	Download항목	▾
· 제목	제목	▾		master	검색

③ 그럼, 다음과 같이 나오는데 [[PLC] Master-K 카타로그]를 클릭한다.

53	카타로그	[PLC] Master-K 카타로그 (2010.11)	🔘	2010-11-04
52	사용설명서	[Master-K] KGL-WIN Ver3.4 매뉴얼	🔘	2005-07-01
51	사용설명서	[PLC] Master-K120S 사용설명서 (국문)	🔘	2010-03-11
50	사용설명서	[PLC] Master-K1000S(200S/300S) 사용설명서 (2010.02)	🔘	2010-02-24

④ 그리고 나서 [첨부파일]을 클릭한다.

| 53 | 카타로그 | [PLC] Master-K 카타로그 (2010.11) | 🔘 | 2010-11-04 |

[PLC] Master-K 카타로그 (2010.11)

[첨부파일]

📄 MASTER-K_101104.pdf (11.38 Mbyte)

⑤ 다음과 같은 화면이 나타나면 [저장]을 클릭한다.

6 '어디에 저장할까요' 라고 물어보면 바탕화면을 지정해 주고 [저장]을 클릭한다.

7 그러면 윈도의 바탕화면에 다음과 같은 아이콘이 나오는데 이것을 클릭하면 된다.

이 파일을 보기 위해서는 별도로 아크로벳리더 프로그램이 필요하다. 인터넷에서 아크로벳리더를 검색해서 다운받아 설치하면 된다.

⑧ 그런 다음 G6I-D22A와 G6Q-RY2A를 찾아봐야 한다. 앞서 받은 파일을 클릭한다.

⑨ 키보드의 [Ctrl+F]를 누르면 아래와 같이 표시된 부분에 G6I를 입력한 후 [Enter]를 누른다.

⑩ 그러면 다음과 같은 화면으로 넘어갈 것이다.
우리가 찾는 것은 G6I-D22A이다. 바로 나와 있는 것을 알 수 있다.
(화면이 작게 보이면 키보드 Ctrl을 누른 상태에서 마우스휠을 움직여 보자.)

■ 입력부

규 격 \ 형 명	DC 입 력					AC 입 력	
	G6I-D21A	G6I-D22A	G6I-D22B	G6I-D24A	G6I-D24B	G6I-A11A	G6I-A21A
입력 점수	8점	16점		32점		8점	
정격 입력 전압	DC 12/24V		DC 24V	DC 12/24V	DC 24V	AC 100 ~ 120V	AC200 ~ 240'
정격 입력 전류	3/7mA		7mA	3/7mA	7mA	7mA	11mA
동작 전압 전류 On	DC 9.5V/3.5mA 이상		15V/4.3mA	9.5V/3.5mA	15V/4.3mA	AC 80V/5mA	
Off	DC 5V/1.5mA 이하		5V/1.7mA	5V/1.5mA	5V/1.7mA	AC 30V/2mA	
입력 저항	3.3KΩ					15 KΩ	20 KΩ
응답시간 Off→On	5ms 이하					15ms 이하	
On→Off	5ms 이하					25ms 이하	
공통 방식	8점/1COM			32점/1COM		8점/1COM	
타입	싱크/소스타입 (무극성)		소스타입 (+공통)	싱크/소스타입 (무극성)	소스타입 (+공통)	−	
절연 방식	포토 커플러 절연						
동작 표시	입력 On시 LED 점등						
내부 소비 전류(DC 5V)	40mA	70mA		75mA		35mA	

⑪ 표를 보고 설명해 보면 다음과 같다.

G6I-D22A는 입력부이다. 그리고 DC 전원을 사용해야 한다. 접점수는 16접점이고 P00~P0F이다. 입력에 DC 12~24V까지 사용 가능하다. 다음이 중요한데 타입 중에 싱크/소스타입(무극성)이라고 되어 있다.

싱크타입은 공통 단자에 - 전기만 쓸 수 있고, 소스타입은 공통 단자에 + 전기만 쓸 수 있다.

하지만 G6I-D22A는 싱크/소스 2가지 다 사용 가능하니 공통에 +, - 둘 중 아무거나 사용해도 된다.

■ 입력부

규 격 \ 형 명		G6I-D21A	G6I-D22A	G6I-D22B	G6I-D24A	G6I-D24B	G6I-A11A	G6I-A21A
				DC 입력			AC 입력	
입력 점수		8점	16점		32점		8점	
정격 입력 전압		DC 12/24V		DC 24V	DC 12/24V	DC 24V	AC 100 ~ 120V	AC200 ~ 240V
정격 입력 전류		3/7mA		7mA	3/7mA	7mA	7mA	11mA
동작 전압 전류	On	DC 9.5V/3.5mA 이상		15V/4.3mA	9.5V/3.5mA	15V/4.3mA	AC 80V/5mA	
	Off	DC 5V/1.5mA 이하		5V/1.7mA	5V/1.5mA	5V/1.7mA	AC 30V/2mA	
입력 저항		3.3㏀					15 ㏀	20 ㏀
응답시간	Off → On	5ms 이하					15ms 이하	
	On → Off	5ms 이하					25ms 이하	
공통 방식		8점/1COM			32점/1COM		8점/1COM	
타입		싱크 /소스타입 (무극성)		소스타입 (+공통)	싱크/소스타입 (무극성)	소스타입 (+공통)	-	
절연 방식		포토 커플러 절연						
동작 표시		입력 On시 LED 점등						
내부 소비 전류 (DC 5V)		40mA	70mA		75mA		35mA	

⑫ 그럼, 다음은 G6Q-RY2A를 찾아보자.

키보드의 [Ctrl]을 누른 상태에서 [F]키를 누른다. 그리고 G6Q를 입력한 후 [Enter]를 클릭한다. 아래와 같이 나오는데 우리가 찾는 G6Q-RY2A도 있다.

■ 출력모드

규 격 \ 형 명		G6Q-RY1A	G6Q-RY2A	G6Q-RY2B	G6Q-SS1A	G6Q-TR2A	G6Q-TR2B	G6Q-TR4A	G6Q-TR4
		릴레이 출력			트라이액 출력	트랜지스터 출력			
출력점수		8점	16점		8점	16점		32점	
정격부하전압		DC 12/24V, AC 100 ~ 220V		AC 100 ~ 240V		DC12/24V			
정격부하전류		2A/1점	2A/1점, 5A/1COM		1A/1점, 4A/1COM	0.5A/1점, 4A/1COM		0.1A/1점, 2A/1COM	
Off시 누설전류		0.1ms 이하			2.5ms 이하	0.1ms 이하			
On시 전압강하					AC1.5V 이하	DC1.5V 이하		DC 2.5V 이하	DC 3.0V 이
응답시간	Off ⇒ On	10ms 이하			1ms 이하	2ms 이하			
	On ⇒ Off	12ms 이하			0.5cycle+1ms이하	2ms 이하			
공통방식		1점/1COM	8점/1COM		8점/1COM	16점/1COM	16점/1COM	32점/1COM	32점/1CO
타입		-				싱크타입(+공통)	소스타입(+공통)	싱크타입(-공통)	소스타입(+공
절연방식		릴레이 절연			포토 커플러 절연				
서지킬러		-	배리스터		배리스터 CR 업소버	클램프 다이오드			
외부공급전원						DC24V			
동작표시		출력 On시 LED 점등							
내부소비전류 (DC 5V)		210mA	400mA	400mA	190mA	180mA	170mA	140mA	145mA

13 G6Q-RY2A는 출력부이고, 릴레이 출력이다. 그리고 16접점이고 사용 가능한 전압은 DC 12~24V, AC 100~240V까지이다. 즉 공통 단자에 DC 12~24V, AC 100~240V까지 연결 가능하다는 뜻이다.

옆에 보면 G6Q-TR2B가 있는데 이는 트랜지스터 출력을 말한다.

■ 출력모드

규 격＼형 명		릴레이 출력			트라이액 출력	트랜지스터 출력			
		G6Q-RY1A	G6Q-RY2A	G6Q-RY2B	G6Q-SS1A	G6Q-TR2A	G6Q-TR2B	G6Q-TR4A	G6Q-TR4[
출력점수		8점	16점		8점	16점		32점	
정격부하전압		DC12/24V, AC100 ~ 220V			AC100 ~ 240V	DC12/24V			
정격부하전류		2A/1점	2A/1점, 5A/1COM		1A/1점, 4A/1COM	0.5A/1점, 4A/1COM		0.1A/1점, 2A/1COM	
Off시 누설전류		0.1ms 이하			2.5ms 이하	0.1ms 이하			
On시 전압강하					AC1.5V 이하	DC1.5V 이하		DC2.5V 이하	DC 3.0V 0[
응답시간	Off ⇒ On	10ms 이하			1ms 이하	2ms 이하			
	On ⇒ Off	12ms 이하			0.5cycle+1ms이하	2ms 이하			
공통방식		1점/1COM	8점/1COM		8점/1COM	16점/1COM	16점/1COM	32점/1COM	32점/1CO[
타입		—				싱크타입-공통	소스타입(+공통)	싱크타입-공통	소스타입(+공[
절연방식		릴레이 절연			포토 커플러 절연				
서지킬러		—		배리스터	배리스터 CR업소버	클램프 다이오드			
외부공급전원		—				DC24V			
동작표시		출력 On시 LED 점동							
내부소비전류 (DC 5V)		210mA	400mA	400mA	190mA	180mA	170mA	140mA	145mA

14 릴레이 출력은 출력카드 내부에 기계적인 접점으로 스위치들이 있는 것이고, 트랜지스터 출력은 반도체를 이용한 스위치들이 있는 것이다.

릴레이 출력은 초보자들이 사용하기 쉽고 AC 전압이 사용 가능하기 때문에 컨트롤 설비가 멀리 있을 때 좋다. 하지만 릴레이 출력은 기계적인 접점이므로 접점 빈도가 많을수록 그만큼 빨리 고장날 수 있다.

트랜지스터 출력은 DC 전원을 사용해야 하기 때문에 습기나 물기가 많은 곳에서 안전하게 사용할 수 있으며, 반도체 트랜지스터를 사용하기에 접점 빈도가 아무리 많아도 거의 고장 없이 오래 사용할 수 있다.

혹시라도 초보자들이 모듈식을 구매하고자 할 때는, 입력은 싱크타입와 소스타입이 다 되는 것을 이용하고, 출력은 릴레이 출력을 사용하여 연습하는 게 좋을 듯하다. 하지만 처음 공부하는 사람에게는 블록식을 권하고 싶다.

이런 식으로 카달로그를 이용하여 PLC의 사용 환경을 알 수 있다. 80S도 한 번 찾아보자.

15 다음은 모듈식을 이용하여 릴레이를 동작시켜 보자.

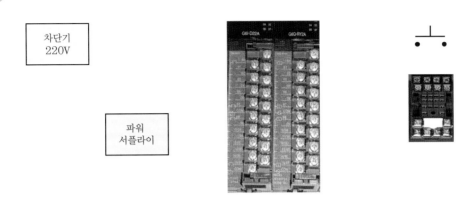

16 차단기에서 전기 2개를 파워 서플라이에 넣어 준다. 이제 파워 서플라이에서 DC 24V 전기가 나오게 된다.

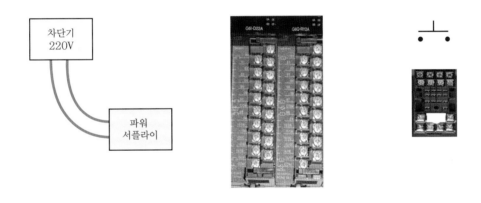

17 파워 서플라이의 DC −24V를 입력 공통에 연결한다.

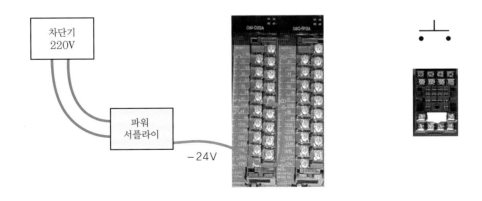

18 파워 서플라이의 DC +24V 전기를 스위치의 한쪽에 연결하고 반대쪽은 PLC의 접점에 연결한다. 이제 스위치를 누르면 DC +24V 전기가 P00으로 들어가서 프로그램상의 P0000이 동작을 하게 된다.

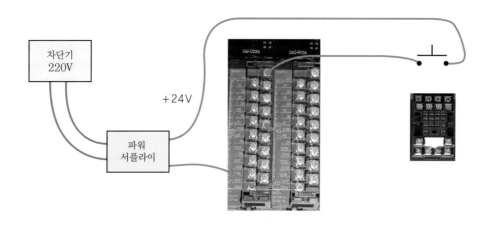

19 차단기의 AC 220V 중 1개를 PLC의 출력 공통에 연결한다.

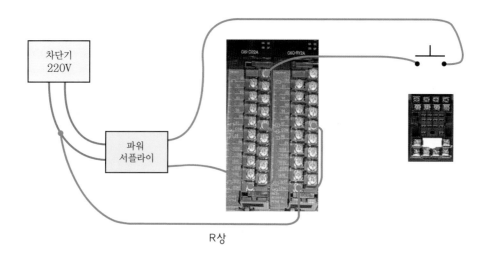

20
그리고 차단기의 나머지 전기를 릴레이 소켓의 코일 단자 부분에 연결한다.

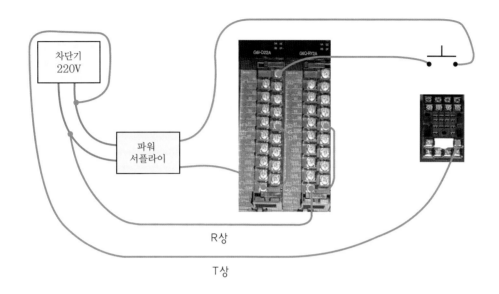

21
릴레이 소켓 코일 단자의 나머지 부분과 PLC 출력카드의 P0010에 연결한다. 이제
프로그램상의 P0010이 동작하면 릴레이가 동작을 하게 된다.

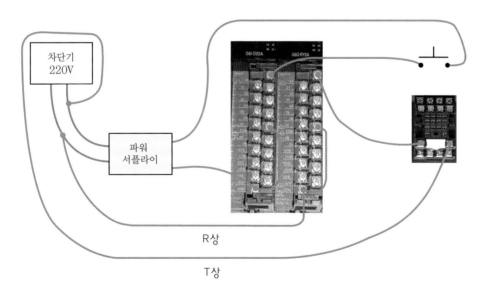

Point

왜 출력이 P0010일까? 앞에서 디바이스 순서 관련 설명을 하였다.
0번째는 입력카드이고 1번째는 출력카드이기 때문이다.

22 이제 릴레이의 A, B접점을 이용해서 어떠한 전기 기기를 동작시킬 수 있다. 위에서는 AC 220V를 릴레이 전원으로 사용하였지만 릴레이가 DC 24V가 사용 전원이면 파워 서플라이에서 연결하면 된다.

　PLC의 종류 중 MASTER-K를 다루어 보았다. 기타 여러 PLC 종류가 있지만 이 MASTER-K를 잘 이해했다면 다른 기종의 명령어가 조금 다르더라도 쉽게 이해하 수 있다. 또한 컴퓨터와 연결하여 다른 기종이지만 고장난 것을 찾을 수도 있을 것 이다.

9 실린더와 솔밸브

1 몇 가지 예제를 풀기 전에 실린더와 솔레노이드 밸브에 대하여 알아보자.

실린더는 에어 또는 유압이 들어가고 나가는 것을 이용하여 전진, 후진하는 것이다. 아래의 그림은 실린더의 내부이다. 현재 후진 상태이다.

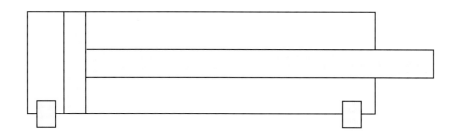

2 다음은 에어가 실린더 뒤에서 들어갈 경우이다.

③ 에어가 실린더 내부로 들어가고 실린더 내부는 밀봉된 상태이기 때문에 압력에 의하여 패킹을 밀어 버린다. 그리고 실린더 내부에 있던 에어도 빠져나오게 된다. 이렇게 하면 실린더가 전진을 하게 된다.

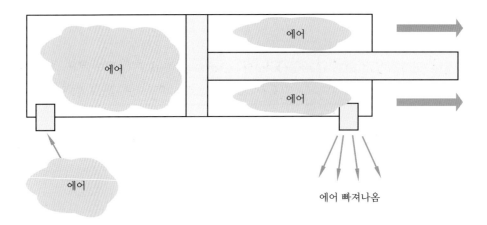

만약 실린더의 에어 투입구 반대편이 막혀 있다면 실린더 내부에 있던 에어가 빠져나오지 못하기 때문에 실린더는 움직이지 못한다.

실린더 에어 또는 유압 투입구가 있는데 이 투입구 중에 한 곳에 에어나 유압을 넣어 주면 반대편 투입구에서는 에어 또는 유압이 나와야만 동작을 한다.

④ 실린더 전진 상태에서 에어를 넣어 주게 되면 다음과 같이 된다.

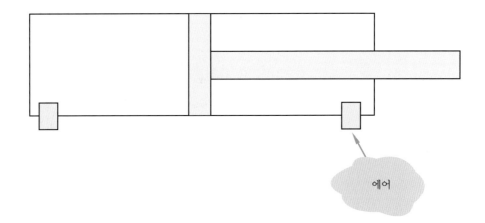

실린더가 패킹을 밀어 버려 후진을 하게 된다.

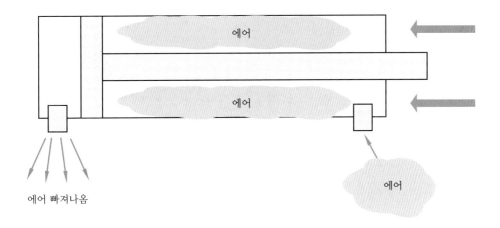

에어

에어

에어 빠져나옴

에어

　이런 식으로 실린더의 뒤에서 에어나 유압을 넣어 주면 실린더가 전진을 하고, 실린더의 앞에서 에어나 유압을 넣어 주면 실린더가 후진을 하게 된다.

5 솔레노이드 밸브의 기호이다.

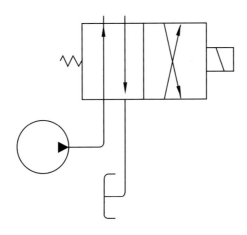

6 다음은 솔레노이드 밸브의 각 부위에 대해 알아보자.(솔밸브의 실물 모양은 아주 다양하다. 밸브에 다음과 같은 기호들이 있으니 실물을 봤을 때 당황하지 말고 기호만 보자.) 아래 표시한 부분은 스프링 기호이다.

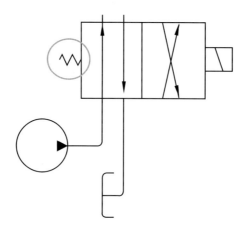

7 솔레노이드 밸브는 솔레노이드와 밸브를 합쳐서 부르는데 표시된 부분이 솔레노이드이다. 전기 2개가 들어가면 자석이 된다. 이 솔레노이드 부분을 같은 말로 코일이라고도 한다. 이 코일 부분이 고장나면 따로 이 코일만 교체 가능하다.(교체 안 되는 것도 있다.)

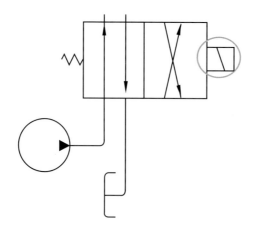

8 다음 표시된 부분은 에어 또는 유압이 공급된다는 기호이다.

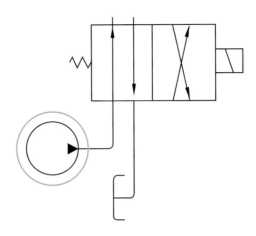

9 다음은 에어 또는 유압이 빠져나오는 기호이다. 같은 말로 현장에서는 퍼지, 드레인
   이라고 한다.

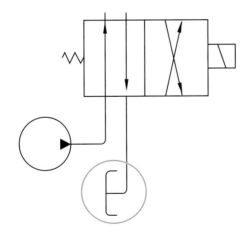

10 다음은 솔밸브 내부의 에어나 유압이 지나다니는 통로를 표시한 것이다.

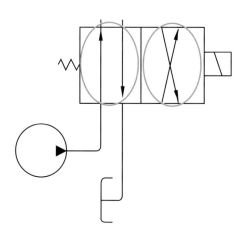

11 아래의 솔밸브 기호들을 해석해 보면 4/2 WAY 편솔 스프링 복귀형 밸브이다.(영어로 포, 투 웨이이다.) 여기서 4는 솔밸브의 에어나 유압 피팅, 니플을 체결하는 곳이 있는데, 이 구멍이 4개라는 뜻이다. 아래의 그림과 같이 표시된 부분이 4개인데 이 부분에 체결한다.

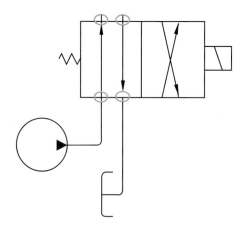

피팅이나 니플은 같은 말인데 솔밸브 자체에 에어 호스나 유압 호스를 삽입할 수 없기 때문에 솔밸브와 별도로 체결하는 것이다. 아래와 같은 모양이다.

아래의 사진은 솔레노이드 밸브이다. 표시된 부분에 피팅을 체결하면 된다.

12 4/2 WAY에서 2는 솔밸브의 ROOM(방)이 2개라는 것이다.

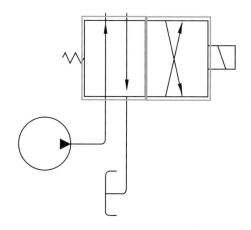

13 편솔이라는 것은 코일이 1개라는 뜻이며 코일이 2개일 때는 양솔이라고 한다. 편솔일 때는 보통 스프링을 사용하여 복귀하고, 양솔일 경우는 코일만 가지고 복귀한다.

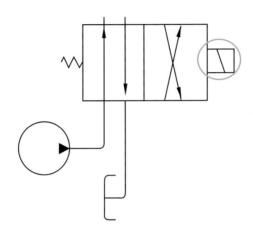

14 4/2 WAY 편솔 밸브의 동작을 설명한다.
아래의 그림과 같이 에어가 솔밸브 내부의 통로를 따라서 투입되고 나가고 있는 중이다.
이 상태에서는 실린더가 전진 상태이다.

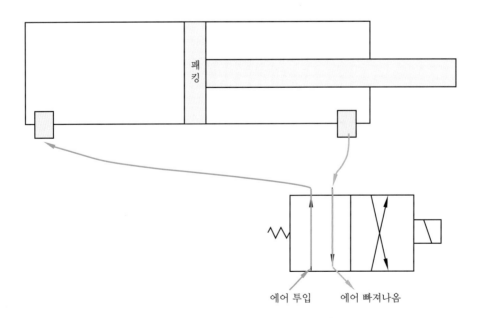

패
킹

에어 투입   에어 빠져나옴

15 이때 솔레노이드(코일)가 동작을 하게 되면 자석이 되어서 **밸브의 방(ROOM)**이 움직이게 된다. 즉 에어 투입 부분은 그대로 있는데 밸브 내부의 방이 바뀌면서 에어 투입이 실린더 뒤에서 밀어 주던 것이 앞을 밀어 주게 되어 실린더가 후진을 하게 되는 것이다.

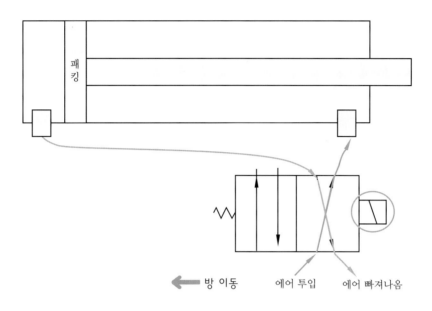

방 이동 ⟵   에어 투입   에어 빠져나옴

16 솔밸브의 코일이 정지하면 스프링에 의하여 솔밸브 내부의 방이 다시 복귀되어 원래대로 돌아오게 된다.

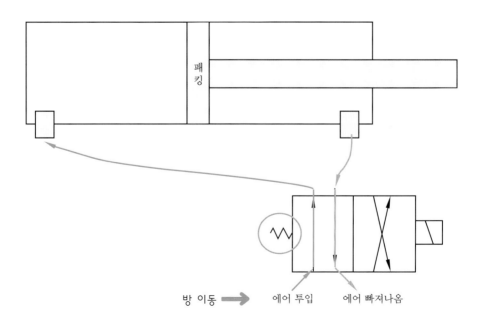

방 이동 ⟶   에어 투입   에어 빠져나옴

예제1

조

시작 스위치(푸쉬버튼) : P0000
실린더 전진 검출 센서 : P0002
제품 검출 센서 : P0004
실린더 솔밸브(편솔) : P0041

정지 스위치(푸쉬버튼) : P0001
금속 검출 센서 : P0003
컨베이어 모터 : P0040

위의 예제는 실제 현장에서 사용하는 것으로 제품은 요구르트라고 생각하자.

요구르트의 경우 제품의 내용물이 밖으로 나가지 못하게 은박지를 씌워 놓았다. 제품 생산 중에 이 은박지가 씌워지지 않을 경우 감지하여 실린더로 내보내는 것이다.(실제 현장에서는 그냥 에어로 내보낸다.) 제품이 컨베이어를 따라 이송 중에 은박지가 안 씌워져 있을 경우 0.5초 뒤에 실린더가 동작하여 제품을 쳐내게 하고 반복 동작이 되어야 한다.

시작 스위치 ON → 컨베이어 구동 → 제품 양품일 경우 그냥 통과 → 제품 불량일 경우 → 제품 검출 센서 ON, 금속 검출 센서 ON → 실린더 0.5초 뒤 동작 → 실린더 전진 검출 후 실린더 후진 → 정지 스위치 ON → 컨베이어 정지

[풀이] ❶ 설명 편의를 위하여 자기유지 부분을 SET, RST 명령어를 사용하였다.

```
        P0000
  0     ┤├                                              SET   M0000
        P0001
  2     ┤├                                              RST   M0000
        P0003   P0004
  4     ┤/├     ┤├                                      SET   M0001
        M0001
  7     ┤├                                   TON  T000   00005
        T0000
 11     ┤├                                              SET   M0002
        P0002
 13     ┤├                                              RST   M0001

                                                        RST   M0002
        M0000
 16     ┤├                                                    P0040
        M0002
 18     ┤├                                                    P0041

 20                                                           END
```

❷ 시작 스위치를 누르면 → 프로그램의 0스텝 A접점 P0000이 ON 되어 →
M0000이 자기유지되고 → 16스텝의 A접점 M0000이 ON 되어 → 출력 P0040
ON → 컨베이어의 모터가 구동된다.

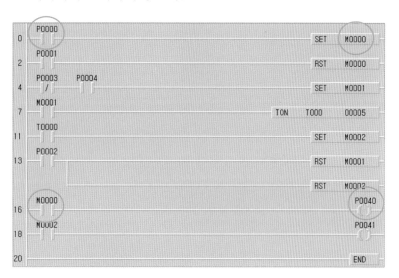

❸ 제품이 이송 중에는 항상 제품 검출 센서 P0004가 감지를 하고 있다. 그래서 제
품이 지나갈 때마다 4스텝의 P0004가 ON/OFF를 반복하지만 → 4스텝의 B접점
P0003이 차단되어 있기 때문에 아무런 동작을 하지 않는다.

여기서 4스텝의 B접점 P0003이 차단되어 있는 이유는 요구르트는 은박지가 씌
워져 있어야 양품이기 때문이다. 그래서 요구르트가 양품일 때 금속 감지 센서도
감지를 하고 있으니까 B접점은 반대로 차단되는 것이다.

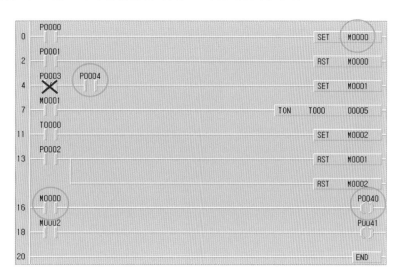

❹ 제품이 이송 중에 요구르트의 은박지가 없을 경우 불량이고 → 금속 감지 센서가 감지를 못하게 된다. → 4스텝의 B접점 P0003은 연결되고 → M0001이 ON 되어→ 7스텝 A접점 M0001이 ON 되며 → 타이머가 0.5초를 세고 있다.

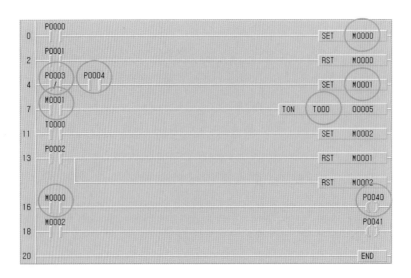

❺ 타이머가 0.5초를 세고 난 후 → T0000 ON → 11스텝의 A접점 T0000 ON → M0002 ON → 18스텝 A접점 M0002 ON → 출력 P0041 ON → 솔밸브가 동작하여 실린더가 동작하고 은박지가 없는 요구르트병을 내보낸다.

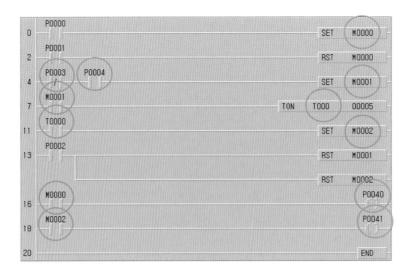

❻ 실린더가 전진을 하면 → 실린더 전진 검출 센서가 동작하여 → 13스텝의 A접점 P0002 ON → M0001, M0002가 리셋되어 자기유지가 풀리고 → 프로그램상의 모든 A접점 M0001, M0002가 차단되어 → 18스텝의 P0041 OFF → 솔밸브 동작이 정지하여 실린더가 복귀한다.

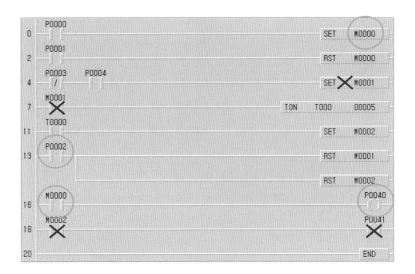

❼ 정지 스위치를 누르면 2스텝의 P0001이 ON 되어 → M0000이 리셋 되고 → 16 스텝 A접점 M0000이 차단되어 출력 P0040이 OFF 되면 → 컨베이어 모터가 정지한다.

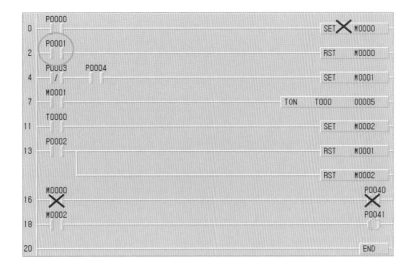

타이머는 최대 6553.5초를 셀 수 있다. 즉 [TON T000 65535] 이렇게 입력이 가능하다. 타이머의 설정치가 한정되어 있지만 카운터와 같이 사용하면 거의 무한대로 사용 가능하다.

조건

시작 : P0000(실렉트 스위치)   램프 1 : P0040
램프 2 : P0041   램프 3 : P0042

시작 스위치를 누르면 24시간 뒤에 램프 1 ON → 30일 뒤에 램프 2 ON → 1년 뒤에 램프 3 ON 하는 프로그램을 만들어 보자. 전에 공부한 TON 타이머와 CTU 카운터를 같이 사용하면 된다.

[풀이] ❶ 도면의 화면이 길어지면 보기가 불편해서 램프 출력 P0040~P0042는 자기 유지를 생략하였다.

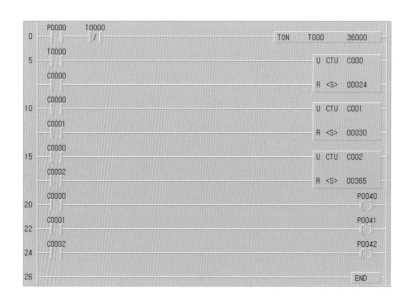

❷ 실렉트 스위치를 돌리면 → 0스텝의 P0000이 ON 되어 유지되고 → 타이머가
동작을 한다. 이때 타이머 설정치는 36000인데 이는 3,600초이며 분으로는
3,600/60＝60분이고 시간으로는 1시간이다. 결국 타이머 세팅치 36000＝1시간
이다.

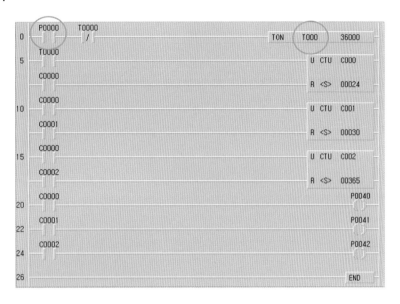

❸ 0스텝의 타이머가 1시간이 되면 T0000이 동작을 한다. → 0스텝의 B접점
T0000이 차단되고 그래서 다시 타이머는 0초부터 시작을 하게 되고 P0000이
차단되지 않는 한 계속 1시간이 될 때마다 T0000이 ON 되어 다시 처음부터 타이
머가 동작해서 1시간 뒤에 또 T0000이 ON 되는 반복 회로이다.

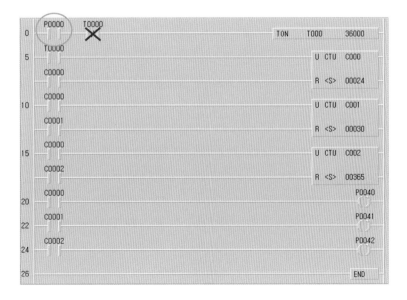

❹ 0스텝에서 1시간마다 T0000이 동작을 할 때 → 5스텝의 A접점 T0000이 ON
되어 → 카운터가 1개씩 올라간다.

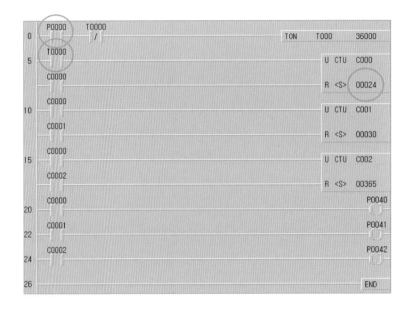

❺ 5스텝의 카운터 세팅치가 24이므로 T0000이 24번 동작을 하면 카운터 C000이
동작을 해서 5스텝의 A접점 C0000이 ON 되어 → 카운터는 다시 리셋이 된다.
→ C0000이 동작을 하였기 때문에 → 20스텝의 A접점 C0000이 ON 되어 → 출
력 P0040이 동작하고 램프 1이 ON 된다. 이제 램프 1은 24시간이 될 때마다 ON
할 것이다.(자기유지를 안 했기 때문에 실제로는 P0040이 순식간에 깜박한다.)

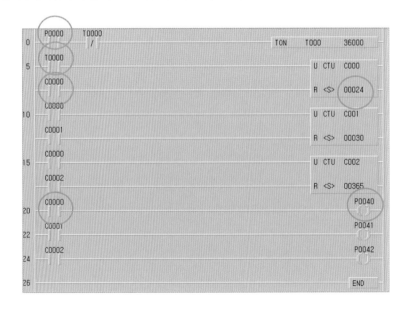

❻ 5스텝의 카운터 C0000이 24시간, 즉 하루에 한 번씩 ON할 때 → 10스텝의 A
접점 C0000도 ON 되어 카운터 C0001이 동작을 하고 → 세팅치가 30이기 때문
에 → C0000이 30번 ON하면 C0001이 ON 되어 → 10스텝의 A접점 C0001이
ON하여 카운터가 리셋된다. → 22스텝의 A접점 C0001이 ON 되어 출력 P0041
이 동작하고 → 램프 2가 ON한다. 즉, 5스텝에서는 하루에 한 번씩 ON하고, 10
스텝의 카운터는 5스텝의 카운터를 이용하여 30일에 한 번씩 ON하는 프로그램
이다.

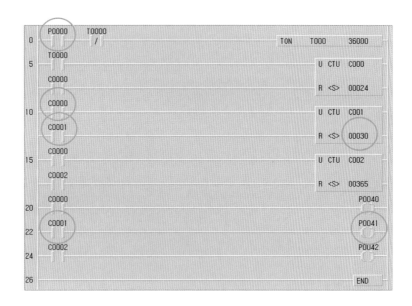

❼ 마찬가지로 15스텝의 A접점 C0000은 하루에 한 번씩 ON하는 접점이므로 15스
텝의 카운터 세팅치가 365로 되어 있어 365일, 즉 1년에 한 번씩 C0002가 ON
하여 24스텝이 동작하게 된다.

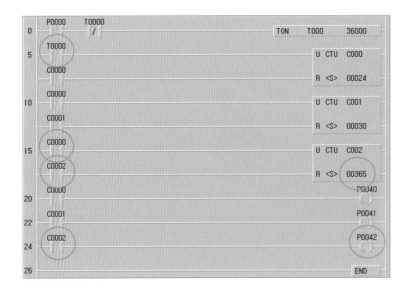

예제3 아래의 래더도를 이용하여 MASTER-K80S를 결선해 보자.

조건

푸쉬버튼 스위치 1 : P0000   푸쉬버튼 스위치 2 : P0001
푸쉬버튼 스위치 3 : P0002   푸쉬버튼 스위치 4 : P0003
MC : P0040   릴레이 : P0041
램프 : P0042

입력 공통은 DC -24V를 사용하고, 출력은 AC 220V를 사용한다.

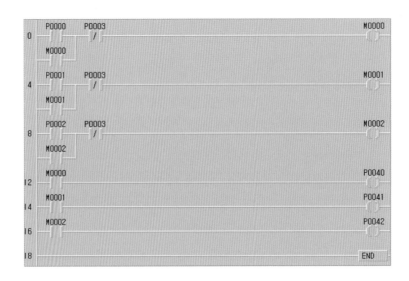

PLC 기초와 응용

먼저 풀이를 보기 전에 아래의 그림을 이용하여 선 연결을 해 보자.

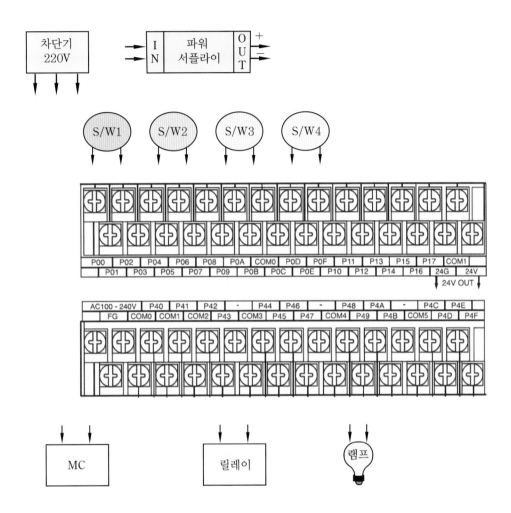

[풀이] ❶ 먼저 파워 서플라이에 전원을 공급한다.

차단기가 3상 차단기인데 3개 중에 아무거나 2개를 사용하면 된다.

이제 파워 서플라이에 전원이 공급되었고 파워 서플라이 OUT 쪽에서 DC 24V 전기가 나오게 된다.

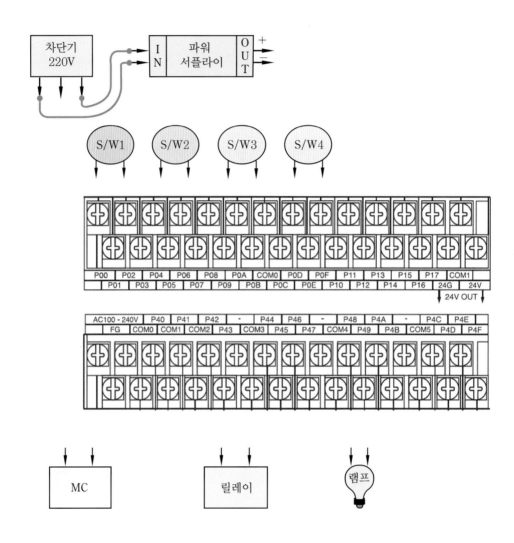

❷ PLC에 전원을 연결한다.

마찬가지로 차단기의 3상 중 아무거나 2개를 연결한다. 이제 PLC는 차단기만 ON
되어 있으면 전원이 들어온다.

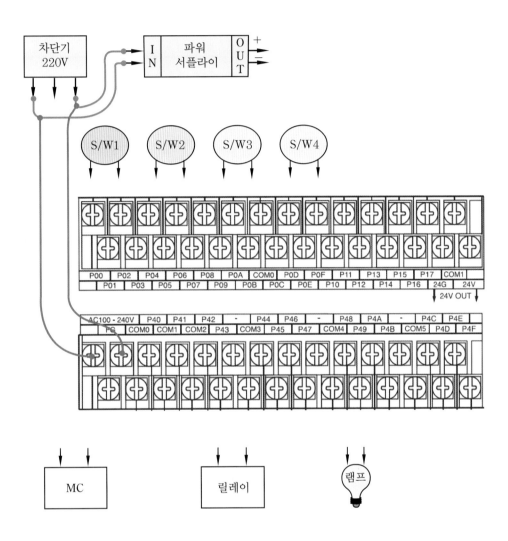

❸ 입력 공통을 연결한다. COM 0에 연결하였기 때문에 P00~P0B까지 사용 가능하다. (주의 : 아래의 선 연결 그림에서 ┼ 이런 식은 연결된 것이 아니다. ⟨ 이렇게 점을 찍어서 물리는 부분이 연결된 것이니 착오없길 바란다.)

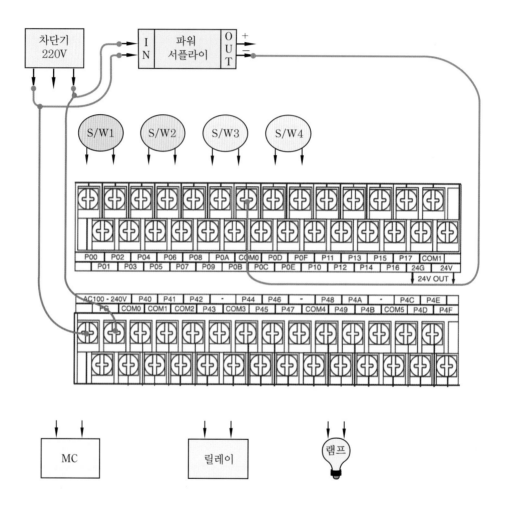

입력 공통으로 DC −24V를 연결하였고 이제 PLC 접점에 DC +24V만 들어가면 입력이 동작을 한다.

❹ S/W1, S/W2, S/W3, S/W4 공통을 DC +24V로 연결한다.

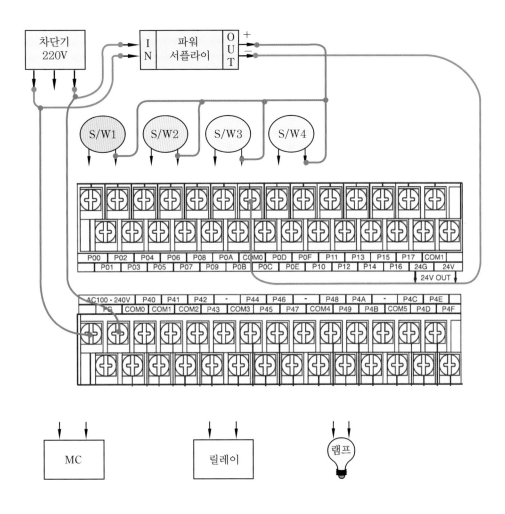

❺ S/W 1=P0000, S/W 2=P0001, S/W 3=P0002, S/W 4=P0003

이제 스위치를 누르면 DC +24V 전기가 PLC 접점으로 들어가 프로그램상의 접점이 동작을 하게 된다.

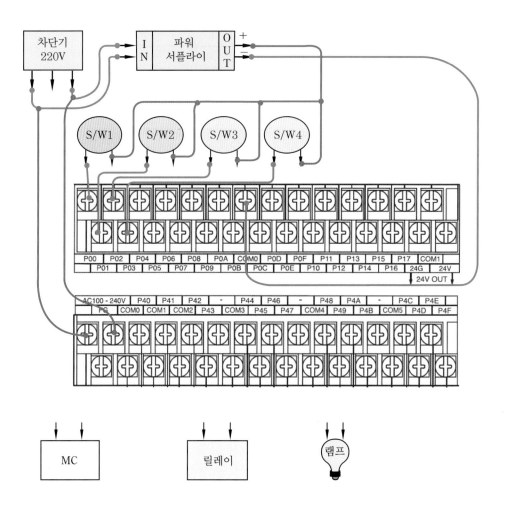

❻ 출력 공통을 연결한다. 차단기의 220V 전기 중 1개를 연결한다.

이제 PLC 프로그램의 출력이 동작을 하면 PLC 출력부 공통으로 연결해 준 220V 전기 1개가 PLC 접점으로 나오게 된다.

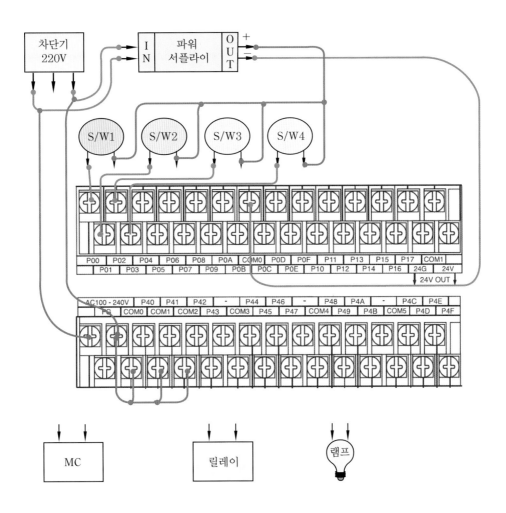

❼ 전기 기기들을 220V 전기로 공통 연결한다. 이제 전기 기기들은 220V 전기 1개
 가 항상 들어가고 있다. 나머지 1개만 더 들어가면 동작을 한다.

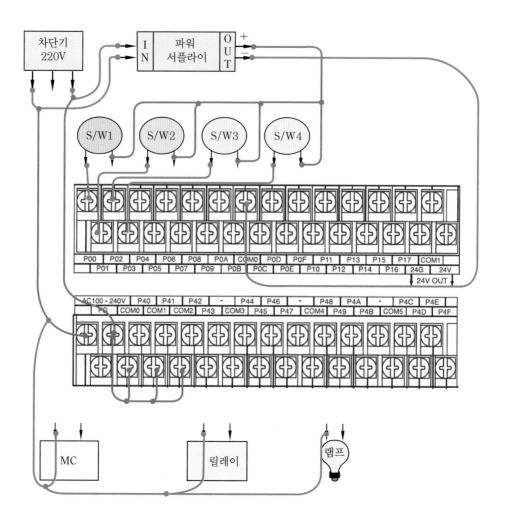

❽ PLC 출력 접점들과 연결한다.

전기 기기들이 220V 전기 1개가 항상 들어가 있는 상태에서 PLC의 공통을 전기
기기가 필요한 나머지 전기를 연결해 놓음으로써 PLC 출력이 동작하면 나머지
전기가 전기 기기들로 들어가 동작을 하는 것이다.

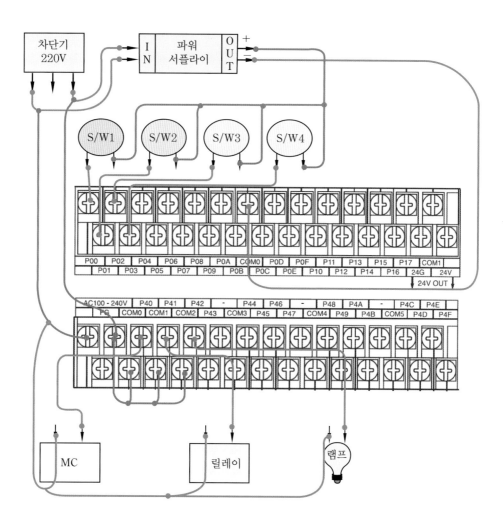

예제4
조건

푸쉬버튼 시작 스위치 : P0000   푸쉬버튼 정지 스위치 : P0001
A구역 도착 감지 센서 : P0002   B구역 도착 감지 센서 : P0003
C구역 도착 감지 센서 : P0004   D구역 도착 감지 센서 : P0005
대차 정회전 : P0040   대차 역회전 : P0041

위의 조건을 가지고 그림과 같이 순서대로 동작하는 프로그래밍을 해 보자.

시작 스위치를 누르면 대차가 C구역까지 전진한다.

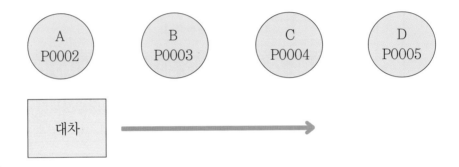

대차가 C구역까지 전진하여 C구역의 P0004가 감지하면 B구역으로 후진한다.

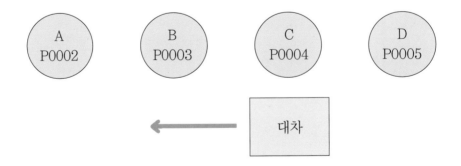

대차가 B구역까지 전진하여 B구역의 P0003이 감지하면 D구역으로 전진한다.

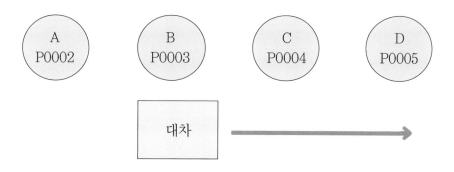

대차가 D구역까지 전진하여 D구역의 P0005가 감지하면 A구역으로 후진한다.

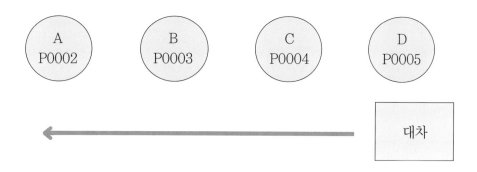

이동 중에 정지 스위치를 누르면 대차는 A구역으로 복귀하고 정지한다.

즉, 시작 스위치를 누르면 A→C→B→D→A 이렇게 대차를 움직이도록 해야 한다. S 명령어를 사용하면 쉽게 할 수 있다.

[풀이] ❶ 시작 스위치를 누르면 프로그램상의 P0000이 ON 되어 0스텝의 A접점 P0000
이 연결되고 M0000을 SET시킨다(자기유지 M0000).
M0000이 ON 되어 18스텝의 A접점 M0000이 연결되면 MCS 명령어에 의하여
MCS와 MCSCLR 사이에 있는 출력은 동작할 수 있다. 즉 20스텝과 25스텝의 출
력이 동작을 할 수 있게 된다.

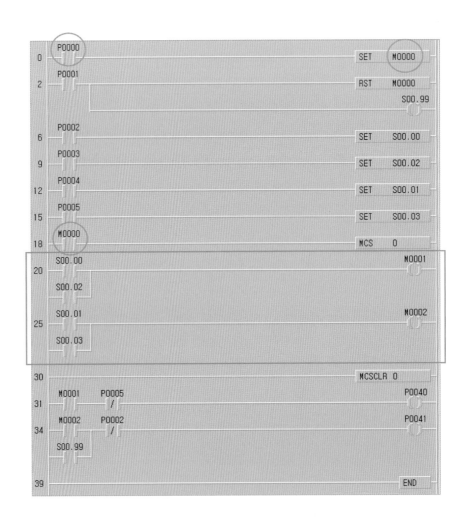

❷ 대차는 우선 A구역에 있기 때문에 A구역 감지 센서에 의하여 P0002가 동작을 하게 되고 → 6스텝의 A접점 P0002가 ON 되어 S00.00이 동작을 하게 된다. → S00.00이 ON 되어 → 20스텝의 A접점 S00.00이 연결되고 → 출력 M0001이 ON 되어 → 31스텝의 A접점 M0001이 ON 되면 → 출력 P0040이 동작하여 대차는 정회전을 하여 전진하게 된다. 즉 시작 스위치를 누르자마자 → 모터가 정회전을 해서 대차가 앞으로 이동 중이다.

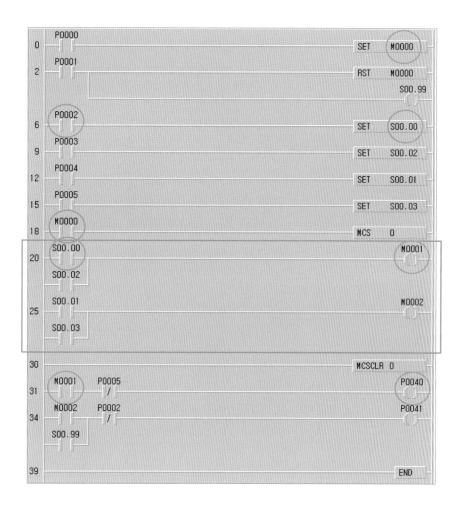

❸ 대차가 정회전을 하면 A구역에서 → B구역 → C구역 → D구역으로 갈 수 있다. 하지만 S 스텝 컨트롤 명령어에 의하여 6스텝의 S00.00이 동작하면 다음은 S00.01이 동작을 하게 된다. 이를 이용해서 대차가 B구역을 지나면 B구역 감지 센서 P0003이 동작을 하는데 프로그램상 9스텝의 P0003이 ON 되면 S00.02가 동작을 하기 때문에 무시한다.(S00.00 → S00.01 → S00.02 → S00.03 이런 순서대로 동작한다.) → 대차가 B구역 지나서 C구역에 도착하면 → C구역 감지 센서가 동작을 해서 P0004 ON → 12스텝의 A접점 P0004 ON → 출력 S00.01이 동작하자마자 S00.00 OFF → 20스텝 A접점 S00.00이 OFF 되어 출력 M0001이 정지 → 25스텝 A접점 S00.01이 ON 되어 → 출력 M0002가 동작하고 → 34스텝 A접점 M0002 ON → 출력 P0041 ON 대차가 역회전하여 후진하게 된다. 대차가 A구역에서 C구역까지 전진하였다가 다시 후진하는 동작이다.

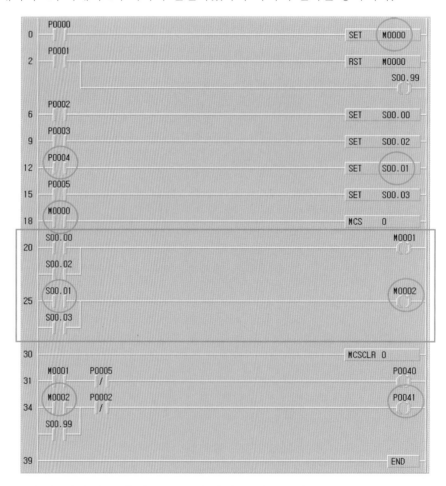

모터 정, 역회전 중에 예를 들어 정회전일 때 역회전하려면 정회전은 멈추고 역회전을 해야 한다.

❹ 대차가 C구역에서 후진 중에 → B구역에 도착하면 B구역 감지 센서 P0003이 동작해서 → 9스텝 A접점 P0003 ON → S00.02가 ON 되어 S00.01이 OFF 되고 → 20스텝 A접점 S00.02 ON → 출력 M0001 ON → 31스텝 A접점 M0001 ON → 출력 P0040 ON → 대차 정회전하여 다시 전진 대차는 A구역에서 C구역까지 전진하고 B구역까지 후진한 후 다시 전진한다.

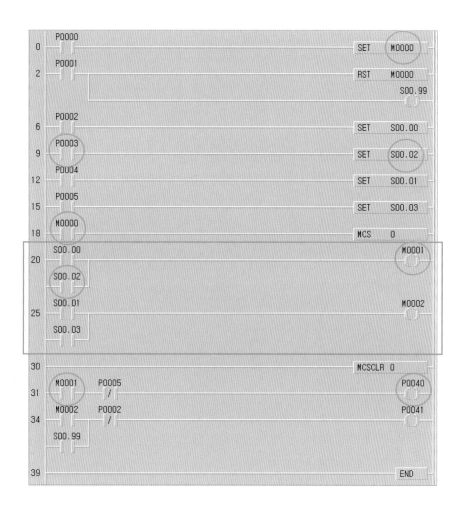

❺ 대차가 B구역에서 전진 중에 C구역을 지나지만 프로그램상에서 S00.02가 동작하고 있기 때문에 다음은 S00.03이 동작을 해야 해서 C구역은 무시한다.

대차가 전진하여 D구역에 도착하면 → 15스텝의 A접점 P0005 ON → 출력 S00.03 ON, S00.02 OFF → 25스텝 A접점 S00.03 ON → 출력 M0002 ON → 34스텝 A접점 M0002 ON → 출력 P0041 ON → 대차가 역회전하여 후진한다. A구역에서 C구역까지 전진 → C구역에서 B구역까지 후진 → C구역에서 D구역까지 전진 → D구역에서 후진 중이다.

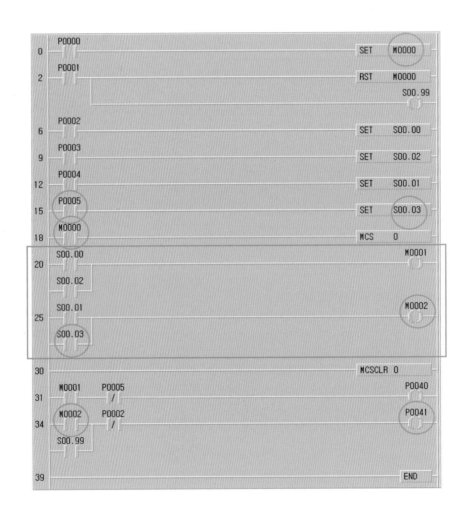

❻ 대차가 후진하고 있는데 프로그램상에서 S00.03이 ON 되어 있고 다음 동작의 S00.04는 없다. → 대차가 후진하여 A구역에 도착을 하면 → A구역 감지 센서가 동작을 해서 → P0002가 동작을 하고 → 34스텝의 B접점 P0002가 차단되어 역회전 P0041을 차단시켜 준다.

이와 동시에 A구역 감지 센서에 의하여 6스텝의 A접점 P0002가 동작을 해서 다시 S00.00부터 시작하게 되어 반복 동작을 하게 된다.

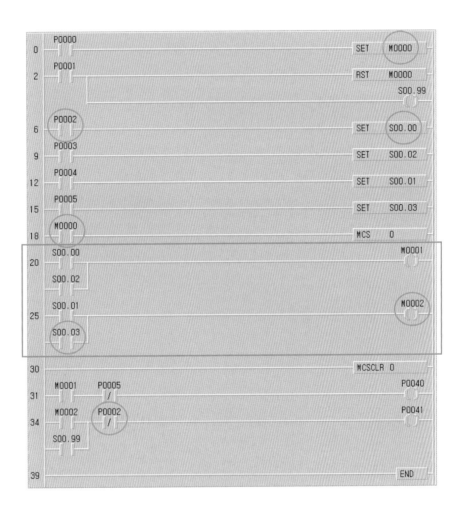

❼ 대차가 이동 중에 정지 스위치를 누르게 되면 → 2스텝의 A접점 P0001이 ON 되어 → M0000을 리셋시켜 버리고 동시에 S00.99가 ON 된다. → M0000이 리셋되어 18스텝의 MCS 0이 OFF 되어 20~25스텝의 출력은 동작을 하지 못하게 된다. → 34스텝의 A접점 S00.99가 동작하면 → 출력 P0041이 동작하여 대차가 후진을 하게 되고, 결국에는 A구역 감지 센서가 동작을 하게 되어 S00.00이 동작을 하지만 MCS 0 명령어가 이전에 차단되어 있기 때문에 20~25스텝의 M0001, M0002가 동작을 못해 대차는 전진을 못하게 된다. 그리고 대차가 S00.99에 의하여 계속 후진할 수 있지만 34스텝의 B접점 P0002(A구역 감지 센서)에 의하여 신호를 차단하기 때문에 대차는 결국 A구역에서 멈춰 있다.

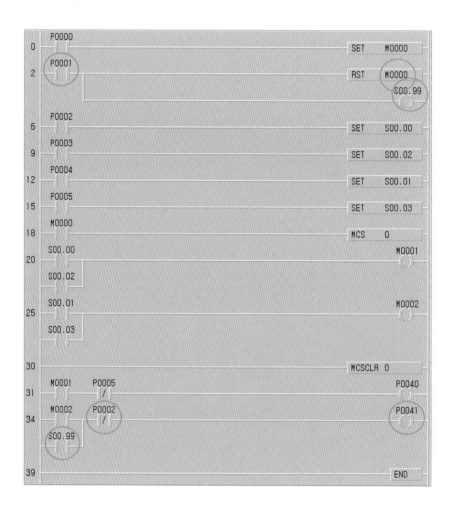

예제 4를 결선해 보자. 다음은 모듈형 PLC이다. 아래의 부품 배치를 보고 먼저 해보자.

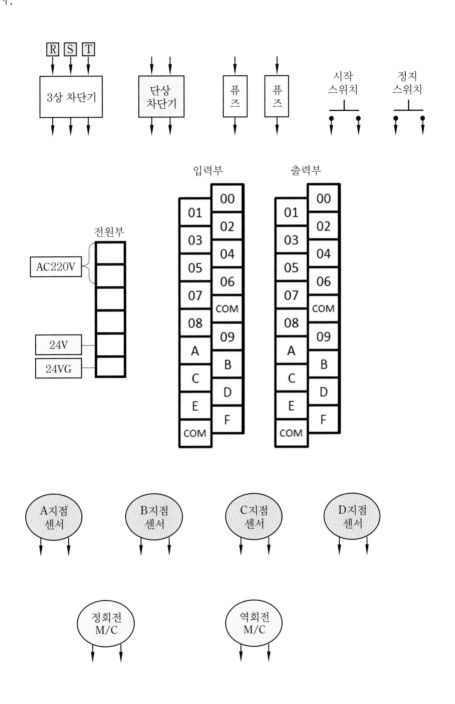

[풀이] ❶ 3상 차단기 하부 측 3개 중 1개를 단상 차단기 상부 측 한 곳에 연결해 준다.

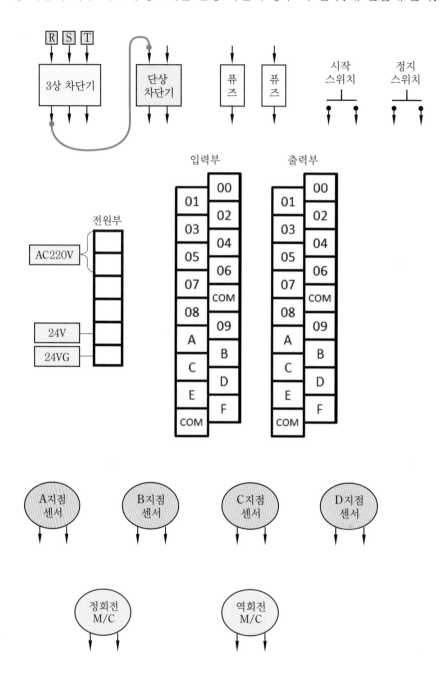

❷ 3상 차단기 하부 측 2개 단자가 남았는데 2개 중 1개를 단상 차단기 상부 측에
연결해 준다.

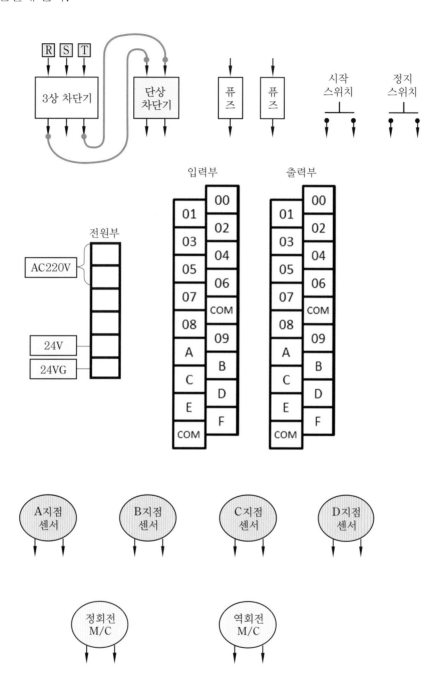

❸ 단상 차단기 하부 측 단자 한 곳에서 퓨즈로 연결해 준다.

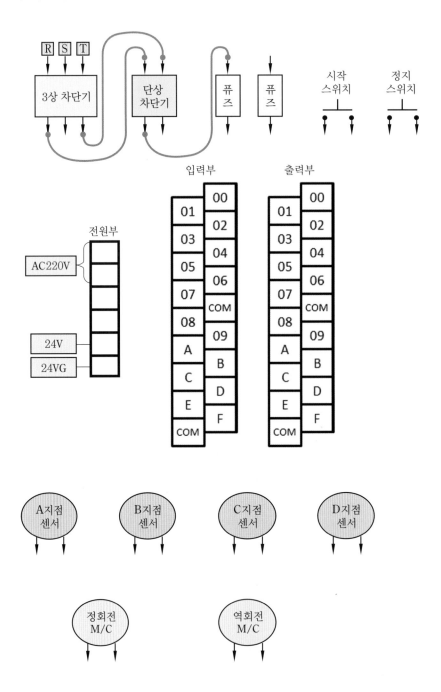

❹ 단상 차단기 하부 측 나머지 단자와 퓨즈 나머지 1개를 연결해 준다. 퓨즈를 사용하는 이유는 차단기와 마찬가지로 전기 합선과 같은 문제 발생 시 차단해 주는 것으로 퓨즈 측에서 먼저 이상 발생 감지 후 차단해 주면 퓨즈 교체가 편하기 때문이다.

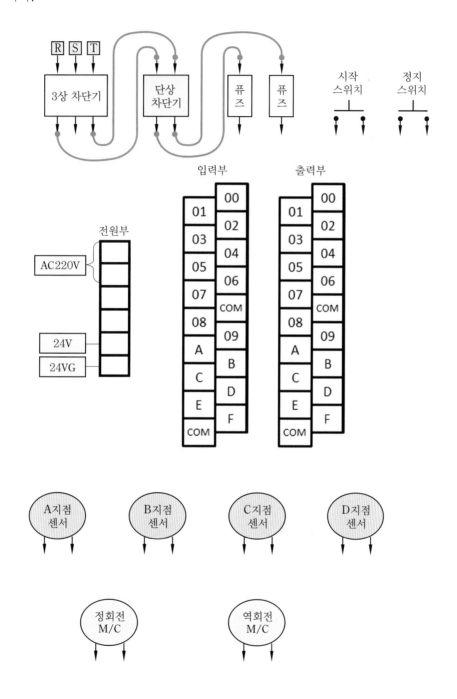

❺ 퓨즈 2개 중 1개를 PLC 전원 단자 한 곳에 연결한다.

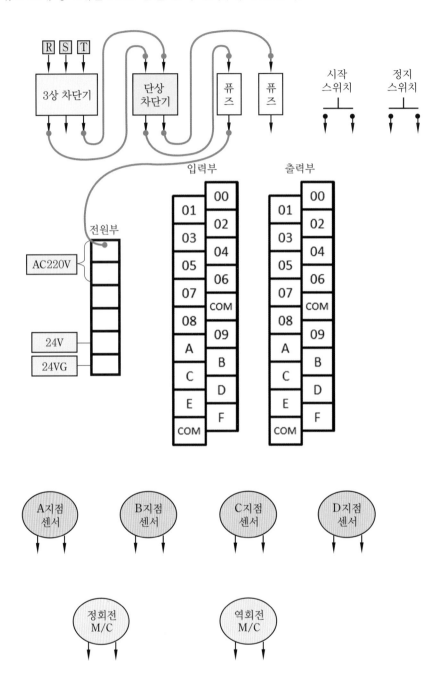

❻ 나머지 퓨즈를 PLC 전원 단자에 연결한다.

이제 PLC의 전원부에 전기 2개가 공급되어 사용 가능하다.

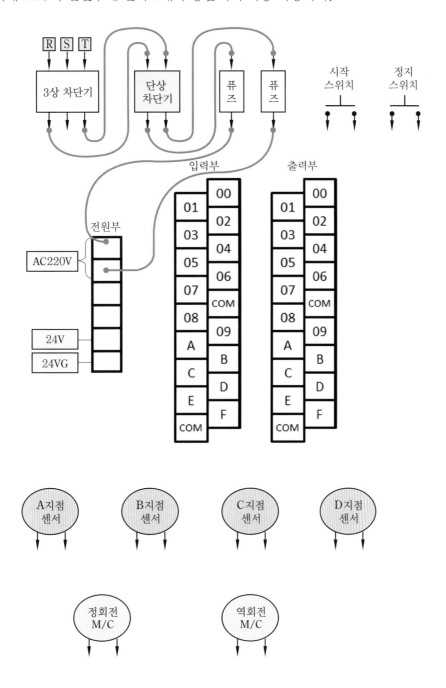

❼ 입력부 공통 연결을 하는데 DC −24V를 입력 공통으로 할 것이다.
PLC 전원부에 24VG 단자에서 입력부 COM 단자 한 곳에 연결한다.

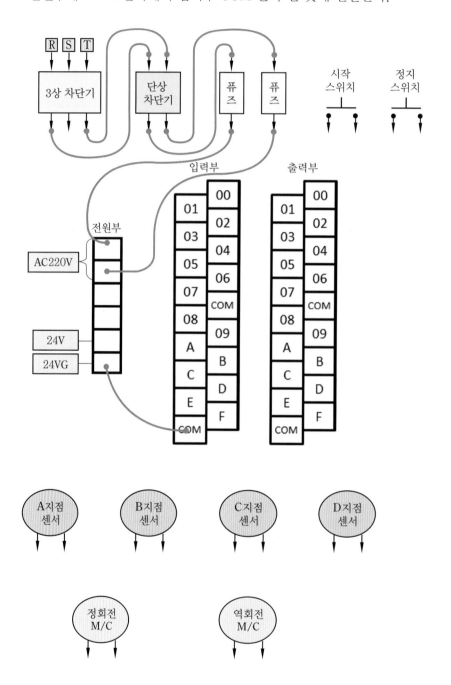

❽ 모듈형 입력부 공통 단자는 2개가 있다. 이제 나머지 공통 단자와 연결한다. 이
제 이 PLC 입력부는 DC −24V가 공통 단자가 되었다.

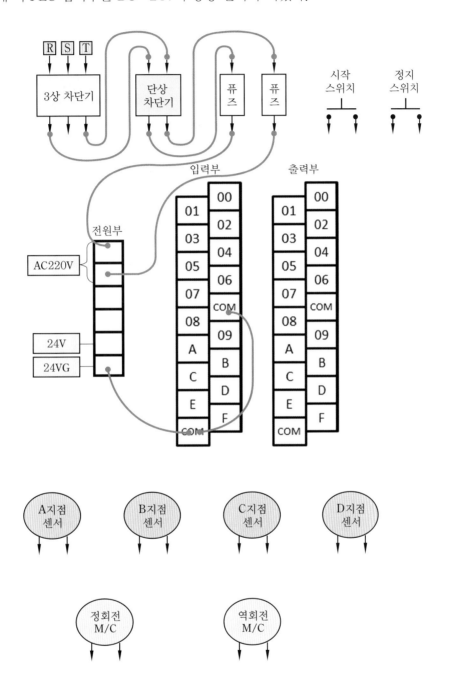

❾ 입력인 스위치와 센서들을 DC +24V 공통 연결해 준다. 먼저 시작 스위치와
PLC 전원부의 24V를 연결한다.

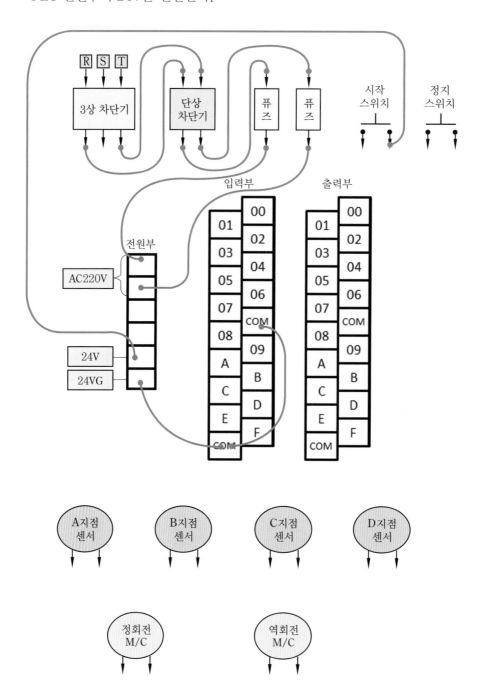

⑩ 시작 스위치의 한쪽이 24V와 연결되어 있으니 시작 스위치에서 정지 스위치에 24V를 연결한다. 이제 스위치들은 DC +24V 전기가 공통 연결되어 있다. 이 스위치들을 누르면 +24V 전기가 나간다.

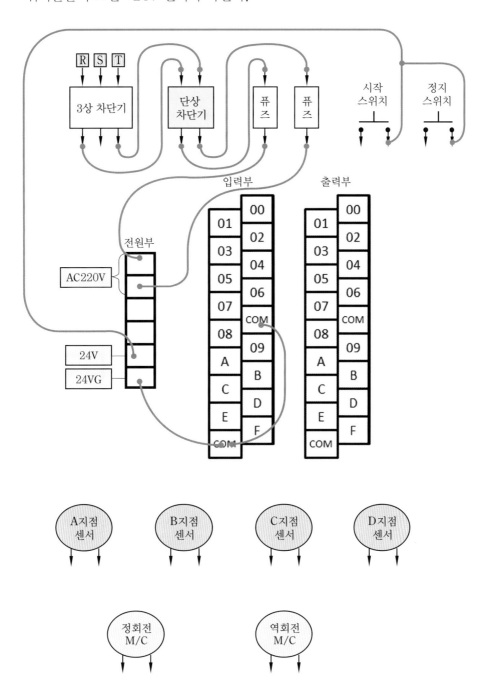

❶ 센서들도 입력 전기 기기이므로 DC +24V 전기를 연결한다. 먼저 A지점 센서를 연결한다.

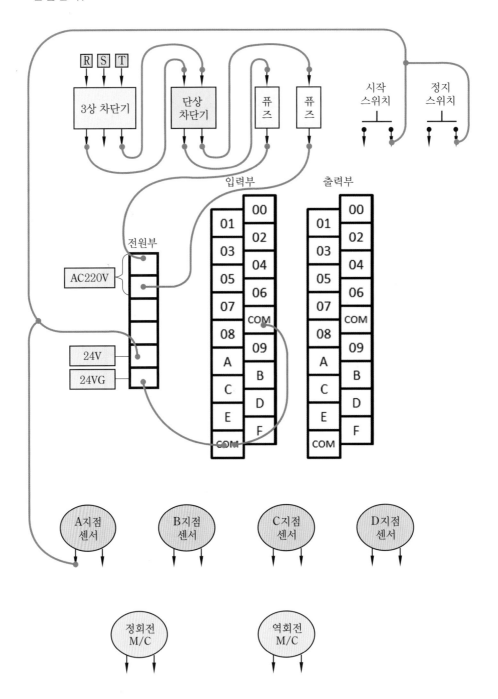

⓬ B지점 센서를 연결한다.

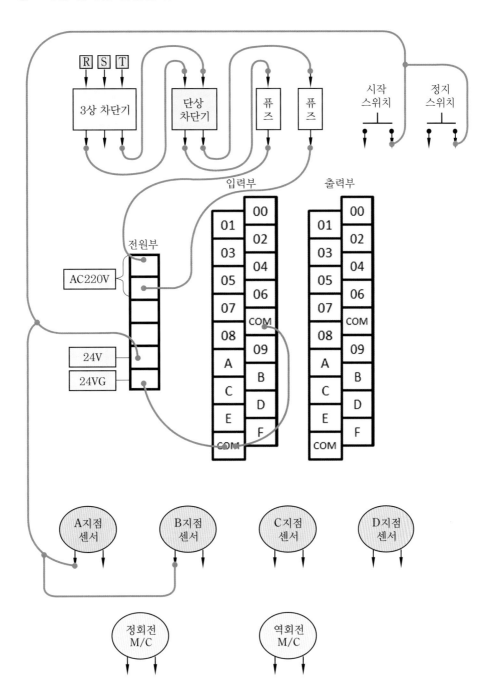

❸ C지점 센서를 연결한다.

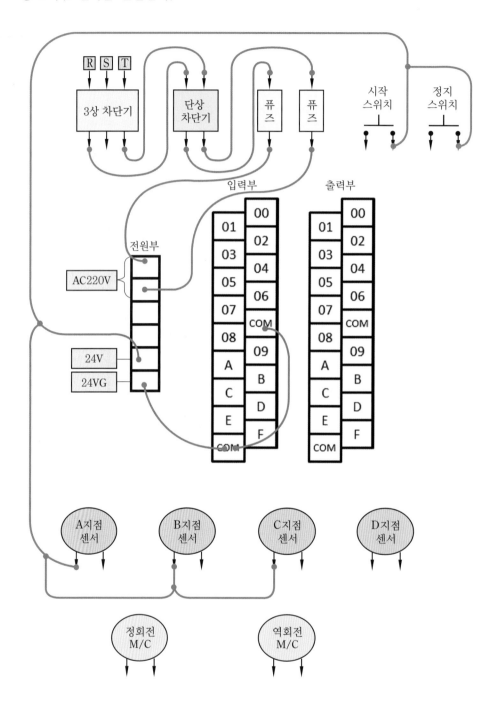

⓮ D지점 센서를 연결한다. 이제 센서들도 DC +24V 전기가 공통으로 연결되어 있고 센서가 동작을 하면 DC +24V 전기가 나가게 된다.

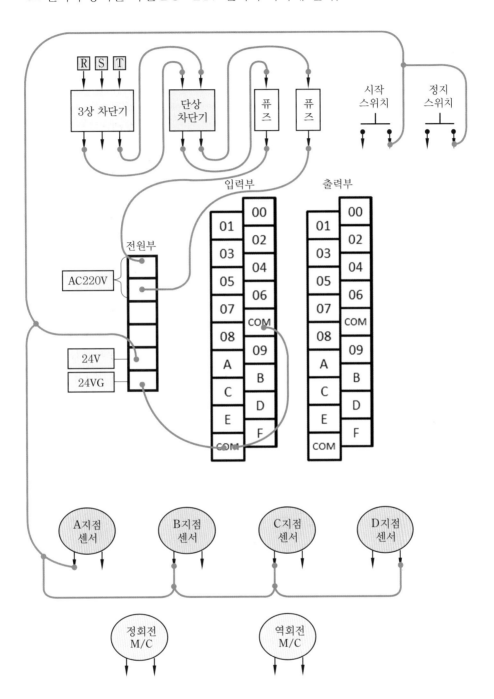

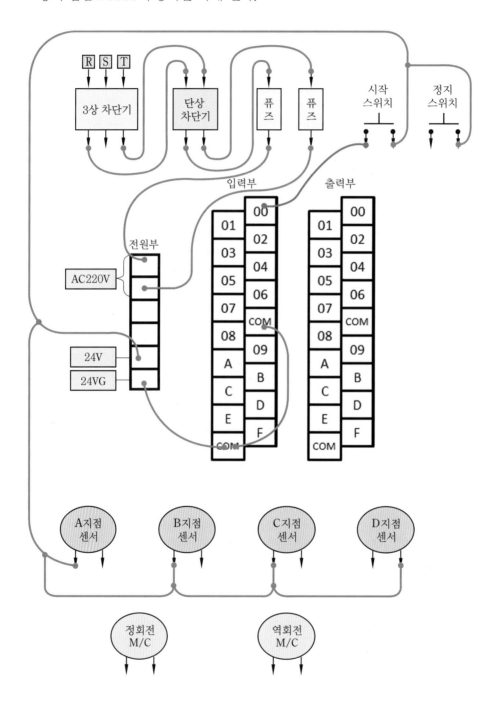

❶❺ 시작 스위치를 입력부 P0000에 연결한다. 이제 시작 스위치를 누르면 프로그램 상의 접점 P0000이 동작을 하게 된다.

⑯ 정지 스위치를 입력부 P0001에 연결한다.

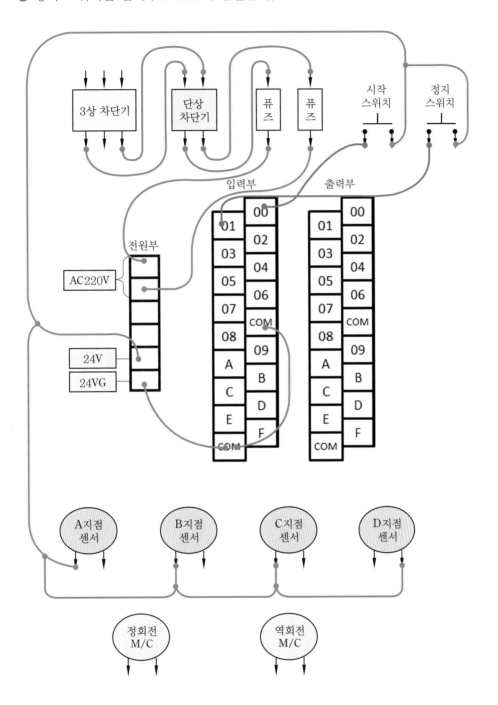

⑰ A지점 센서를 입력부 P0002에 연결한다.

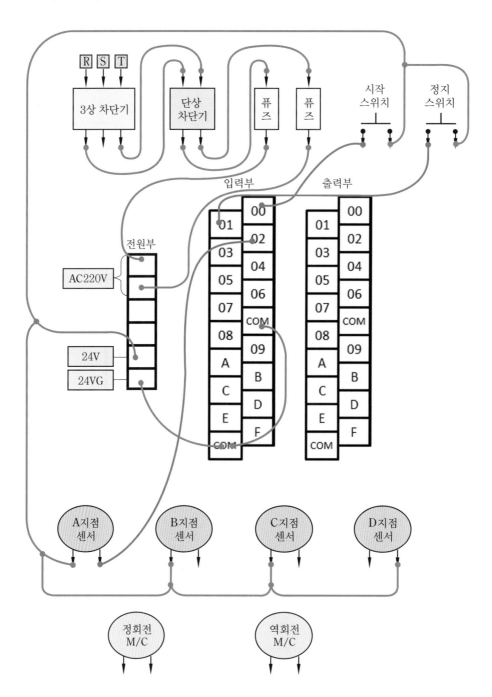

⑱ B지점 센서를 입력부 P0003에 연결한다.

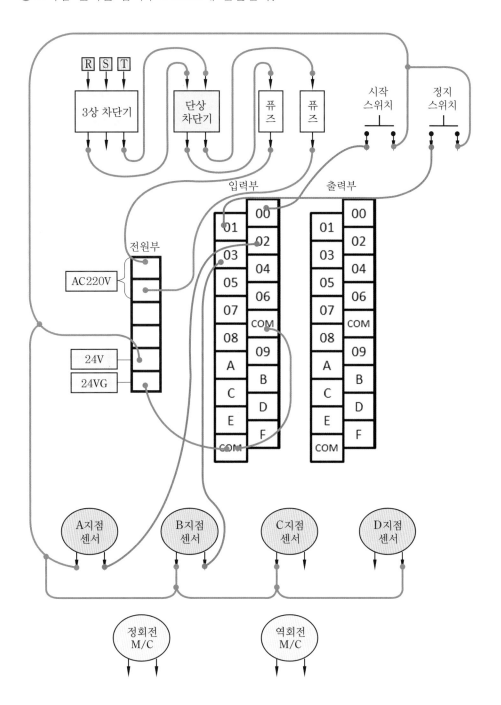

PLC

⑲ C지점 센서를 입력부 P0004에 연결한다.

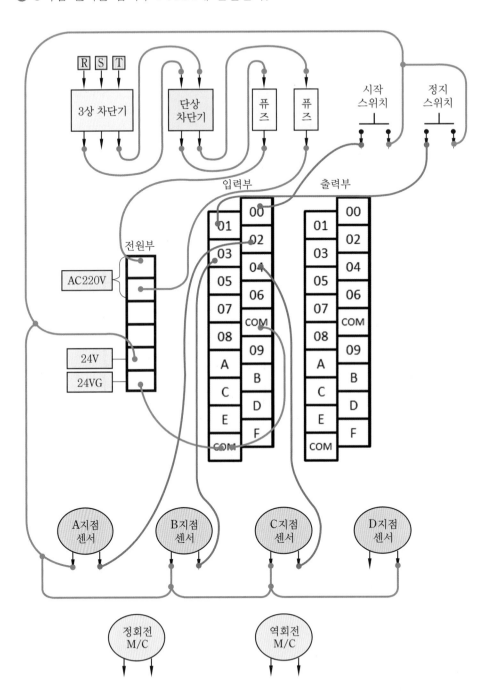

⑳ D지점 센서를 입력부 P0005에 연결한다.

이제 입력 연결은 다 끝났다. 어떤 입력이 동작을 하면 DC +24V 전기가 PLC 입력부로 들어가서 프로그램상의 접점이 동작을 하게 된다.

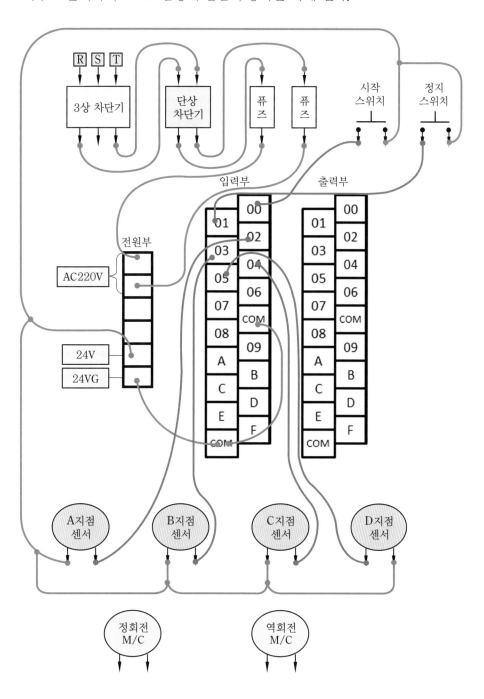

㉑ 출력부 공통을 연결한다. 출력은 M/C 2개를 사용하는데 AC 220V에 동작을 한다고 생각하고 퓨즈 2개 중 한 곳에서 출력부 공통 단자 한 곳에 연결한다. AC 전기 R, S, T상 중에 T상이라고 말하겠다. 여기서 중요한 것은 퓨즈 하단 부분에서 연결해야 한다.

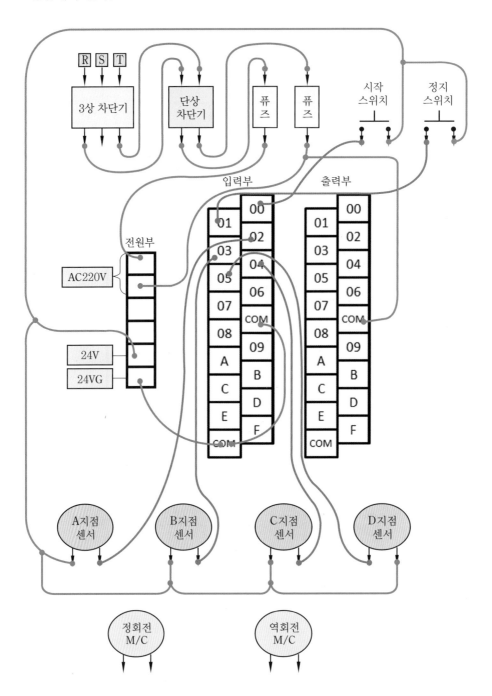

㉒ 출력부 공통 단자 연결된 부분에서 나머지 공통 단자로 연결한다. 이제 출력부는
AC 220V 전기 T상이 공통으로 연결되었다. 프로그램상의 출력이 동작하면 PLC
출력카드 해당 접점에서 AC 220V T상 전기가 나오게 된다.

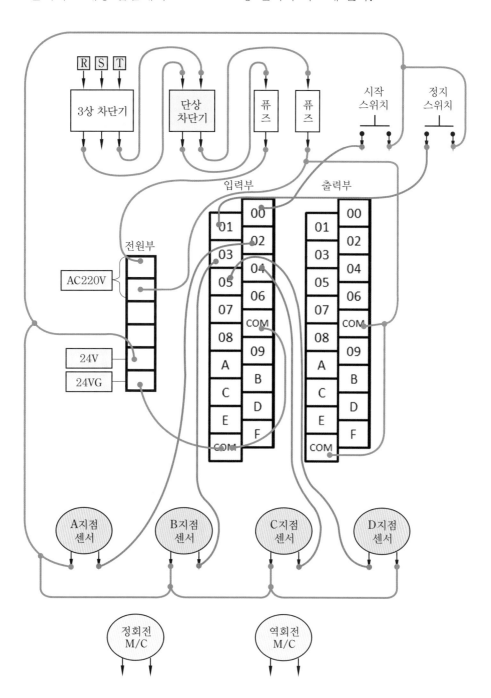

❷❸ M/C들도 공통 연결을 해 준다. PLC 출력카드에서 T상을 공통으로 연결하였으므로 M/C는 AC 220V R상을 공통 연결한다. R상 퓨즈 하단에서 정회전 M/C로 연결한다.

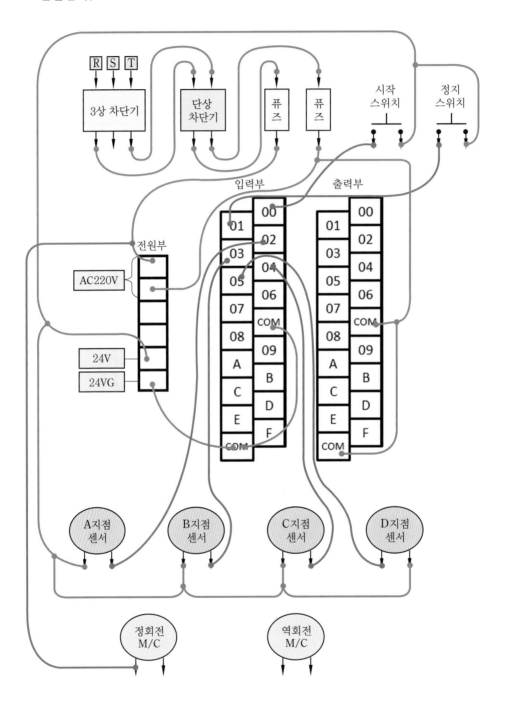

㉔ 정회전 M/C 공통 연결된 곳에서 역회전 M/C를 연결한다. 이제 M/C는 AC 220V R상 전기가 공통으로 연결되었고, 이 M/C들은 T상 전기만 들어가면 동작을 하게 된다.

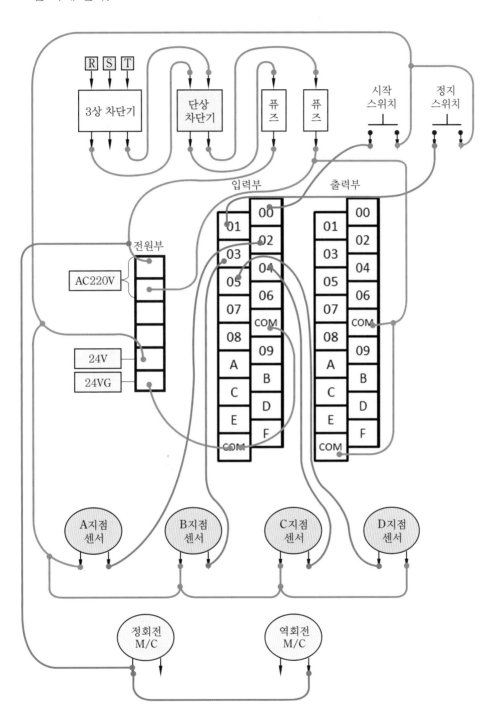

㉕ 정회전 M/C 나머지 단자와 출력부 P0040과 연결해 준다. 이제 프로그램상의 출력 P0040이 동작하면 출력부 P0040 단자에서 T상 전기가 나와서 MC로 들어가 정회전 M/C가 동작을 하게 된다.(출력부는 설명의 편의상 P0010~P001E가 아닌 P0040~P004F라고 하였다.)

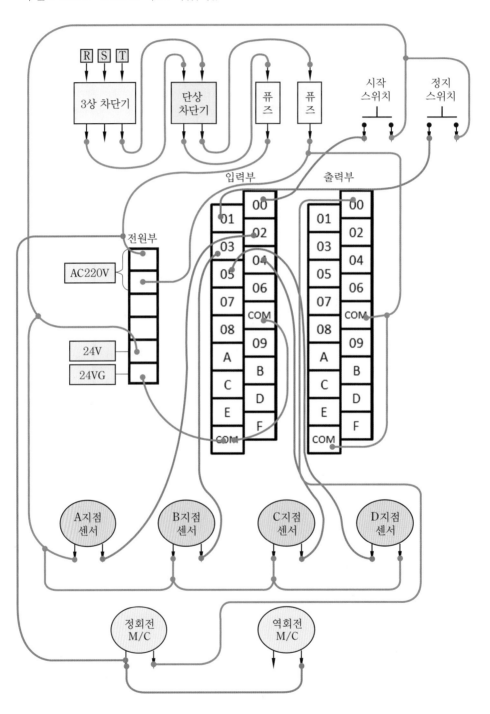

㉖ 마지막으로 역회전 M/C와 출력 P0041을 연결한다.

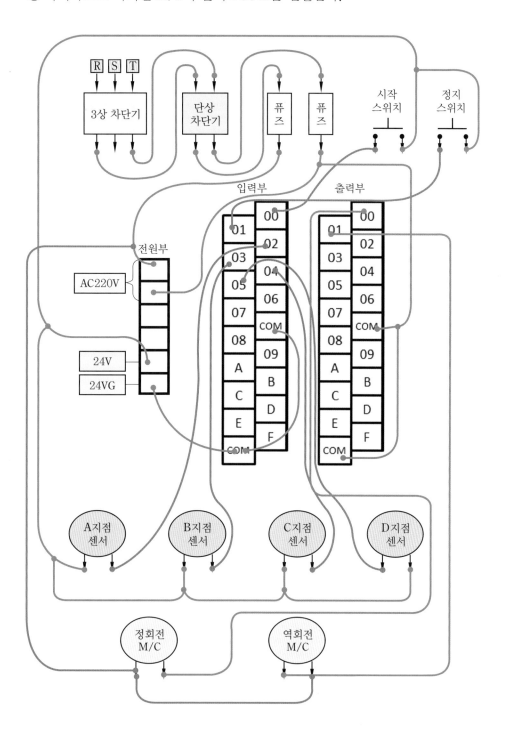

PLC

예제6 아래의 프로그램을 해석해 보자.

시작 스위치 (실렉트) : P0000 　　　　드릴 동작 감지 센서 : P0001
드릴 교체 완료 스위치 (푸쉬버튼) : P0002 　　드릴 교체 경광등 : P0040

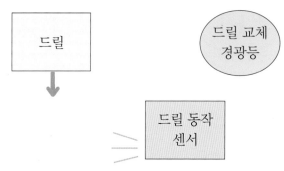

```
 0  P0000                                              MCS    0
    시작스위
      치
 2  P0001                                      TMR    T000   36000
    드릴동작
    센 서
 6  T0000                                              RST    T0000

    P0002
    드릴교체
    완료
    T0000
 9                                                   U CTU  C000

    C0000
                                                     R <S>  00050

14  C0000    P0001                                           M0000
             /
            드릴동작
            센 서
    M0000
18  M0000                                                    P0040
                                                            드릴교체
                                                            경광등
20                                                   MCSCLR 0

21                                                           END
```

[풀이] ❶ 시작 스위치를 누르면 0스텝의 A접점 P0000이 ON 되어 MCS 0이 동작을 한
다. 이제 MCS 0 ~ MCSCLR 0 사이의 출력은 동작이 가능하다.

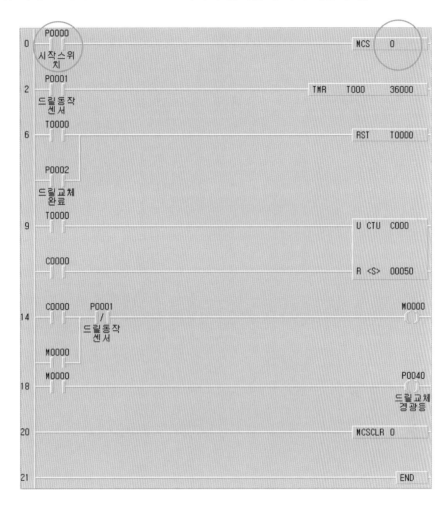

❷ 드릴이 하강하면 드릴 동작 감지 센서가 동작하고 → 2스텝의 P0001이 ON 되어 TMR 타이머가 동작하게 된다. 이 TMR 타이머는 드릴 동작 감지 센서 P0001이 동작을 할 때마다 시간을 세는데 중간에 드릴이 정지하면 세고 있던 시간을 기억하고 있다가 다시 드릴이 동작하면 전에 세고 있던 시간을 계속해서 세게 된다.

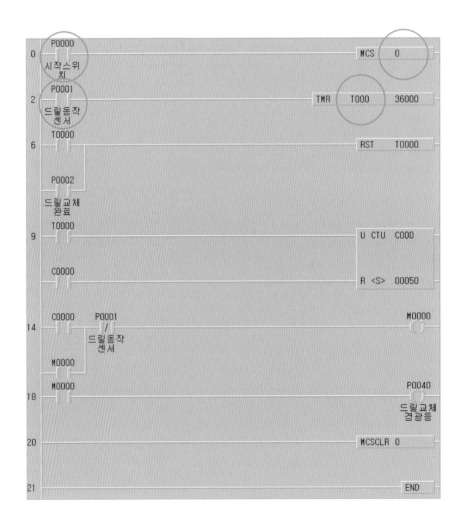

❸ 2스텝의 TMR 타이머는 현재 36000으로 설정되어 있는데 이를 바꾸어 보면 36000＝3600초, 3600초＝60분 , 즉 1시간짜리 타이머가 된다.

드릴 동작이 1시간이 되면 T0000이 ON 되어 → 6스텝의 A접점 T0000이 ON 되고 → 타이머를 다시 초기화시켜 다시 동작할 수 있게 한다. → 이와 동시에 T0000이 ON 되면 9스텝의 A접점 T0000이 ON 되어 카운터가 동작하게 된다.

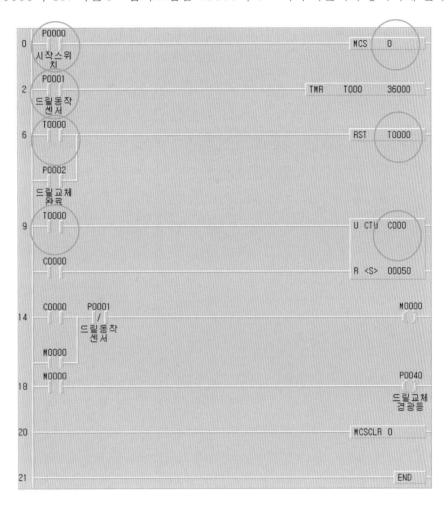

❹ 9스텝의 카운터는 50으로 설정되어 있는데 이는 타이머 T0000이 한 번 ON 될 때마다 1개씩 올라간다. 타이머는 1시간마다 한 번씩 동작을 하므로 카운터 설정 치 50은, 즉 50시간이 되는 것이다. 타이머가 50시간을 동작하게 되면 9스텝의 카운터가 동작해서 C000이 ON 된다.

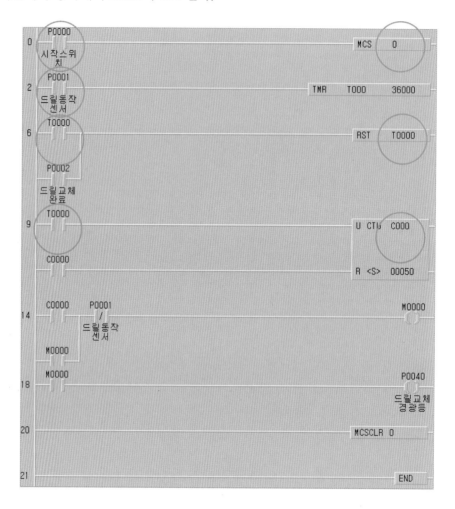

❺ 카운터 C000이 ON 되면 → 9스텝의 A접점 C0000이 ON 되어 카운터를 초기
화시키고 → 이와 동시에 14스텝 A접점 C0000이 ON 된다. → 출력 M0000이
동작하여 자기유지 상태가 되면 → 출력 M0000이 ON 되어 → 18스텝의 출력
P0040이 동작하고 → 드릴을 교체하라는 경광등이 동작을 하게 된다.

시작 스위치를 누르면 드릴 교체 시기를 모니터링하게 되고 드릴이 50시간을 동
작하면 드릴을 교체하라는 경광등이 동작하여 사람이 이를 확인하고 교체하는 프
로그램이다.

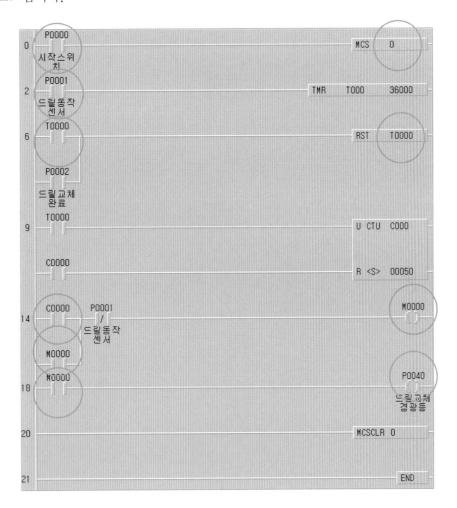

❻ 드릴 교체 완료 후에 드릴 교체 완료 스위치를 누르면 → 6스텝의 A접점 P0002 가 ON 되어 → T0000을 리셋시키고 → 2스텝의 타이머를 강제로 초기화시켜 버 리게 된다.

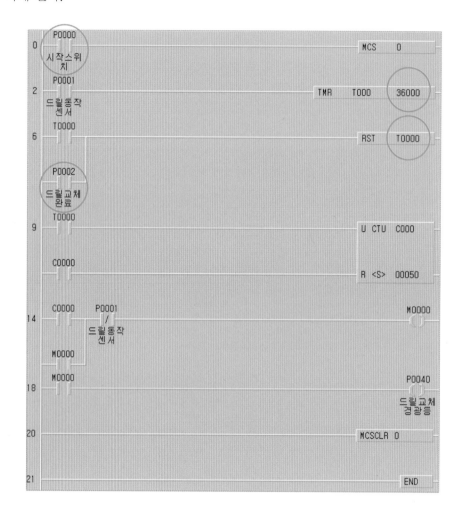

❼ 드릴 동작 완료 후 시작 스위치를 OFF시키면 → 0스텝의 MCS 0이 차단되고 MCS 0 ~ MCSLR 0 사이의 출력은 동작을 하지 않게 된다. 하지만 TMR 타이머 는 드릴이 동작했던 시간을 기억하고 있어 시작 스위치를 누르면 다시 세었던 시 간부터 시작하게 된다.

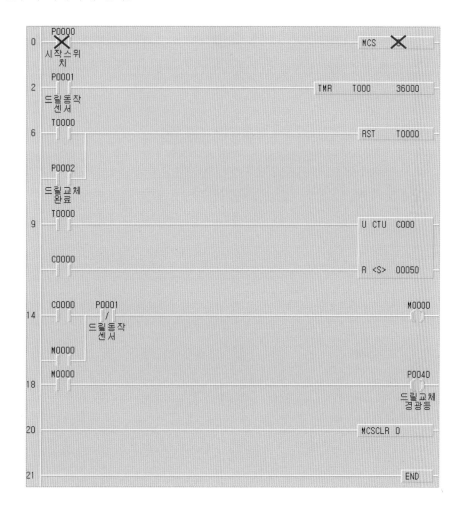

❽ 하지만 아래의 프로그램에서 문제점이 하나 있다.

실제로 현장에서 사용한다면 여러 가지 변수가 있는데 그 중 하나는 드릴 교체 시 드릴 재고가 없어 교체 시간이 몇 시간 지나 버릴 경우이다. 만약 몇 시간이 지난 후 드릴을 교체한 다음에 드릴 교체 완료 스위치를 누른다면 어떻게 될까요?

2스텝의 타이머는 초기화되지만 9스텝의 카운터는 교체 시기를 지나간 만큼 카운터 수치가 올라가 있을 것이고, 교체 시간이 2시간 지난 후 교체하였다면 카운터는 수치가 2 올라간 상태에서 동작을 하기 때문에 다음 드릴 교체 시간은 48시간으로 앞당겨지게 된다.

이를 해결하기 위하여 프로그램을 수정해 보자.

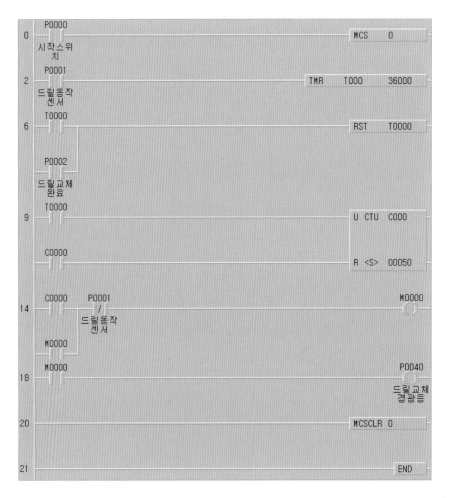

❾ 프로그램 수정은 의외로 간단하다. 9스텝의 카운터를 리셋시켜 주는 곳에 병렬로 드릴 교체 완료 스위치인 P0002 A접점을 넣어 주고 드릴 교체 후 교체 완료 스위치를 누르면 P0002가 ON 되어 타이머를 리셋시키고 이와 동시에 카운터도 강제로 리셋시킬 수 있게 된다.

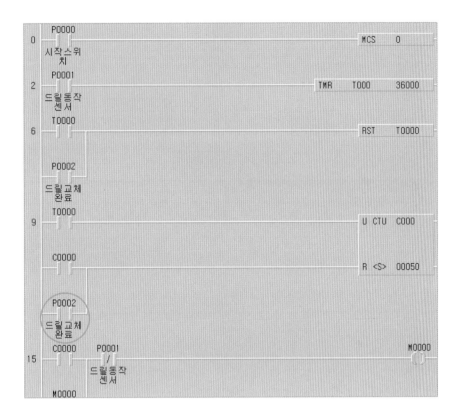

시작 스위치 (푸쉬버튼) : P0000   정지 스위치 (푸쉬버튼) : P0001
센서 1 (물체 검출) : P0002   센서 2 (물체 검출) : P0003
센서 3 (실린더 1 전진 검출) : P0004   센서 4 (실린더2 전진 검출) : P0005
컨베이어 구동 모터 : P0040   실린더 1 동작 솔밸브 : P0041
실린더 2 동작 솔밸브 : P0042

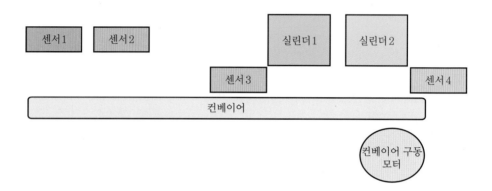

　　위의 그림은 시작 스위치를 누르면 컨베이어가 구동하고 센서 1이 감지하면 실린
더 1이 동작하고 센서 2가 감지하면 실린더 2가 동작을 한다. 센서 3, 4는 실린더 전
진후 후진하라는 신호이다.
　　위의 그림에서 컨베이어나 실린더가 갑자기 동작을 하지 않는다. 그러면 문제를
찾아서 정상 가동시켜야 되는데 어떻게 해야 할까?

우선 컨베이어가 동작을 안 할 경우를 예를 들어 보자.

[풀이] ❶ PLC 정면을 자세히 보면 PLC 접점이 동작할 때 표시해 주는 LED가 있다.
　　　　다음 사진은 블록형 MASTER-K80S 사진이다. 위의 IN 00, 01, 02, 03……은
　　　　입력 부분 LED이고 아래의 OUT 40, 41, 42, 43…… 은 출력 부분 LED이다.

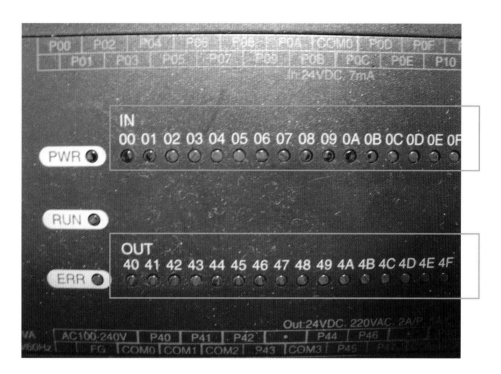

❷ 컨베이어가 갑자기 동작을 하지 않는다. 우선 시작 스위치를 눌러 본다. 시작 스위치는 P0000이므로 아래와 같이 스위치를 누를 때마다 00 LED에 불이 들어와야 한다.

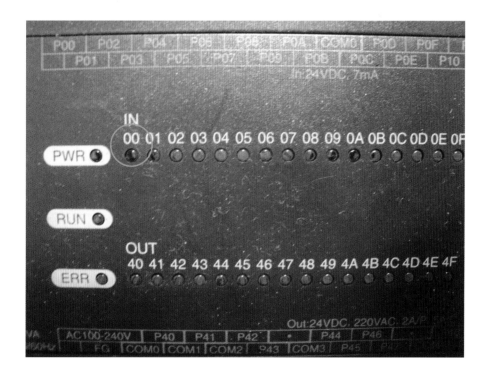

❸ ① 스위치의 접점에 문제가 있을 수 있다. → 테스터기를 이용하여 스위치 접점이 제대로 동작하는지 체크해 본다.

② 스위치와 PLC 간 연결해 주는 전기선이 단선되었을 수 있다. → 마찬가지로 테스터기를 이용하여 전기선 단선 여부를 확인해 본다.

③ 테스터기로 확인해 본 결과 스위치 접점 정상, 전기선 정상일 경우 → PLC 입력 부분의 공통 단자가 DC인지 AC인지 확인해 본다. → DC일 경우 + 전기가 공통인지 − 전기가 공통인지 확인하고 → 예를 들어 + 전기가 공통일 경우 테스터기의 다리 1개를 PLC 입력 공통에 접촉해 주고 → 나머지 테스터기 다리 1개를 PLC 입력 부분 P0000 단자에 접촉해 준다. → 그리고 스위치를 눌렀을 때 테스터기의 화면에 DC 전기가 나오는지 확인한다. 24VDC일 경우 24V 정도 나오는지 확인한다.

만약 선이 단선되었거나 스위치에 이상이 있다면 테스터기는 0V가 나오지만, 정상일 경우 24V 정도 나오게 된다.(테스터기의 성능에 따라 조금씩 차이가 난다.) 확인 후 24V가 나오는데 PLC의 램프가 동작을 안 한다면 PLC의 P00 단자가 이상이 있다는 것을 의심해 볼 수 있다. 이제 노트북을 이용하여 PLC와 연결해 보자.

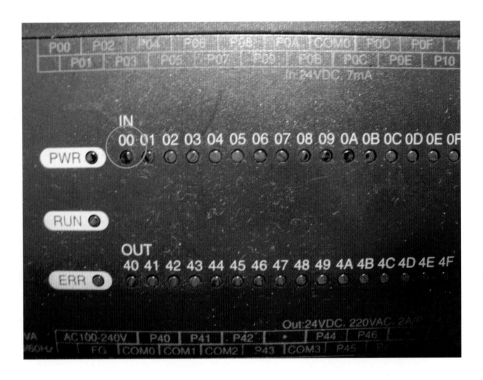

아래와 같이 프로그래밍되었을 경우 스위치를 누를 때마다 0스텝의 P0000
이 동작을 하는지 확인해 보자.

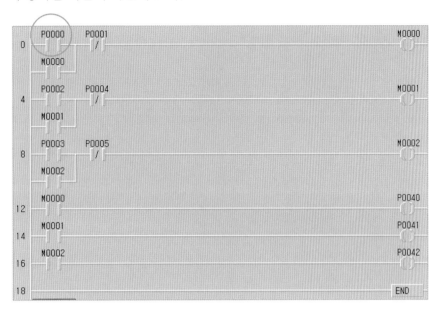

확인해 보았는데 동작을 안 한다면 PLC의 접점 P0000이 고장난 것이다.
이 접점이 고장났을 경우 PLC의 접점 중에 여유 접점이 있다면 P0000에 연
결된 전기선을 풀어내고 여유 접점에 다시 연결한다. 예를 들어 P0000을
P000F에 연결하였다면 이제 프로그램으로 가서 0스텝의 P0000을 P000F로
바꾸어 주면 끝난다.

여기서 주의할 점은 위의 프로그램같이 간단할 경우 한눈에 쉽게 들어오지
만 프로그램이 복잡할 경우 P0000 접점을 여러 개 사용할 수도 있으니 [Ctrl
+ F] P0000을 해서 어디어디에 있는지 찾아서 전부 바꾸어 주는 것이다.

이렇게 바꾸어 주는데 너무 많다면
쉽게 하는 방법이 있다.

키보드의 [Ctrl + H] 키를 누르면 오
른쪽과 같이 바꾸기가 나오는데 바꿀
문자열에 고장난 접점 번호를 넣고 새
문자열에 바꿀 접점 번호를 입력한 후
[확인]을 누르면 전체를 쉽게 바꿀 수
있다.

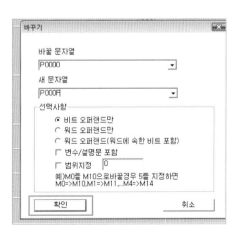

❹ 노트북으로 PLC하고 연결하여 프로그램을 확인하는데 0스텝의 P0000이 동작하는 게 보이고 출력 M0000이 동작을 안 할 경우 → 마찬가지로 프로그램의 M0000을 사용 안 하는 Mxxxx로 전체적으로 바꾸어 주면 된다.
Mxxxx로 바꾸어 주기 전에 [Ctrl + F]를 한 다음에 Mxxxx가 이미 사용 중인지 확인한다.

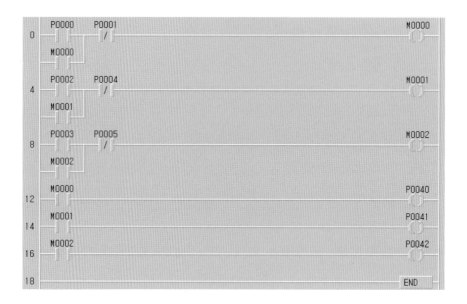

❺ M0000까지 동작을 해서 12스텝의 출력 P0040이 동작을 해야 하는데 안 한다면 출력도 바꾸어 준다. 출력도 바꿀 때는 PLC에 연결되어 있는 전기선을 풀어낸 후 여유 출력 단자에 연결하고 프로그램을 바꾸어 준다.

❻ PLC의 00 LED와 40 LED에 불이 들어오는데 아직도 컨베이어가 동작을 안 한다면 이제 출력 쪽 확인도 해 봐야 한다. 우선 PLC 출력의 공통 단자가 예를 들어 AC 220V T상으로 연결되어 있다면, → 테스터기의 다리 1개를 AC 220V R상에 찍어 주고 → 나머지 다리 1개를 PLC P0040 단자에 찍어 준 후에 스위치를 누를 때 AC 220V 정도 나오는지 확인해 본다. → AC 220V 전기가 나온다면 컨베이어 자체 기계적인 문제로 인하여 동작을 안 할 경우가 있고, 컨베이어는 보통 모터를 사용하는데 M/C의 문제일 수 있다. → 3상 모터일 경우 MC의 하단부분 R, S, T 전기를 테스터기를 이용하여 R, S를 찍어 보고 R, T를 찍어 보고, S, T를

찍어 본다. 3번 하였을 때 전압이 제대로 안 나온다면 MC를 교체하면 된다. MC
도 정상적으로 전압이 나온다면 이제 남은 건 모터가 고장난 것이다.

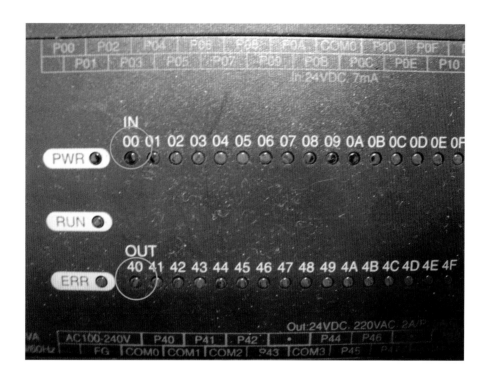

조건

시작 스위치 (푸쉬버튼) : P0000　　　　정지 스위치 (푸쉬버튼) : P0001
센서 1 (물체 검출) : P0002　　　　　　센서 2 (물체 검출) : P0003
센서 3 (실린더 1 전진 검출) : P0004　　센서 4 (실린더 2 전진 검출) : P0005
컨베이어 구동 모터 : P0040　　　　　　실린더 1 동작 솔밸브 : P0041
실린더 2 동작 솔밸브 : P0042

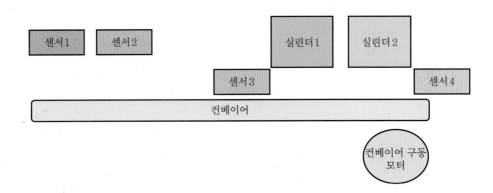

위의 그림에서 시작 스위치를 누르면 컨베이어가 구동하고, 센서 1이 감지되면 실린더 1이 동작하고, 센서 2가 감지되면 실린더 2가 동작을 한다. 센서 3, 4는 실린더 전진 후 후진하라는 신호이다.

실린더가 전진을 하는데 후진을 안 한다면 실린더 전진 검출 센서에 이상이 있는 경우이다. 마찬가지로 해당 센서가 PLC의 어느 접점인지 확인한 후 PLC의 LED가 깜빡깜빡하는지 확인하고 발견이 안 된다면 노트북과 연결하여 하나하나 찾아가면 된다.

다음은 테스터기의 사용 방법이다.

초보자들에게는 HIOKI 제품인 클램프식 테스터기를 추천한다.(후크미터라고도 한다.) 좀 비싸지만 전류 측정이 편하고 판넬 고장을 점검할 때 클램프를 이용하여 걸어두면 편하게 사용할 수 있다.
   그리고 처음에는 디지털식을 사용하는 것이 편리하다.

[풀이] ❶ 테스터기를 보면 테스터기마다 표시가 조금씩 다르지만 항상 같은 기호가 있다.

❷ 아래의 표시된 부분이다.

❸ 아래의 표시된 부분은 직류 전압을 측정한다는 것이다. 직류는 DC 전압이다.
   V는 '볼트'라고 읽는다.

❹ 아래의 표시는 교류 전압을 측정한다는 것이다. 교류 전압은 AC이다. 마찬가지로 V는 볼트이다.

❺ 아래의 표시는 저항을 측정한다는 표시이다. 기호는 '옴'이라고 읽는다.

❻ 다음 표시는 직류 전류를 측정한다는 것이다. 초보자들은 전류 측정이 어렵다. 그래서 앞서 클램프식 테스터기를 추천하였다. 초보자는 클램프식 테스터기가 아니라면 전류 측정은 하지 않는 것이 좋다. A는 '암페어' 라고 읽는다.

❼ 다음은 다이오드를 측정하는 표시인데 보통은 전기선의 단선 여부를 부저를 통해 쉽게 확인할 때 쓰인다.

❽ AC 전압(교류)을 측정할 때 아래와 같은 식의 테스터기는 항상 주의해야 한다. 먼저 테스터기의 다이얼을 돌려 교류 측정할 수 있게 할 때 아래의 사진은 600과 200이 있다. 이 숫자의 뜻은 테스터기 다이얼을 200에 놓으면 이 테스터기는 200V까지만 측정 가능하다는 표시이다. 마찬가지로 600에 놓으면 600V까지 측정 가능하다는 뜻이다.

현장에서 110V, 200V, 220V, 380V 등등 많이 있는데 380V 전압을 측정할 때 200에 다이얼을 돌려놓고 측정하면 테스터기가 고장난다.(자동으로 보호해 주는 테스터기도 있다.)

만약 이렇게 다이얼이 여러 개 있다면 초보자들은 제일 높은 수치에 놓고 테스터기를 사용하면 된다. 필자도 아래의 테스터기를 사용할 때는 다이얼을 600에 놓고 측정한다.

❾ 직류일 때도 마찬가지이다. 다이얼이 여러 개 있는데 다이얼을 제일 높은 곳에 놓고 사용하면 된다.

　이렇게 다이얼을 돌려서 테스터기를 사용하면 번거로운데 처음 하는 분들은 포켓용 테스터기나 클램프식 테스터기를 사용하면 이렇게 다이얼 수치를 조정할 필요없이 AC, DC, 저항, 부저, 전류 이렇게 선택만 해주면 테스터기 허용 가능한 범위까지 알아서 측정한다.
　여기서 고압의 전압일 때는 별도의 고압 측정용이 있으니 주의한다. 일반 휴대용으로 고압 측정 시 사망할 수도 있다.

⑩ 다음은 테스터기를 많이 사용 안 해 본 분들이 헷갈려하는 저항(옴) 부분이다. 아래의 사진을 보면 저항은 200, 2000, 20K, 200K, 2000K 이렇게 5가지 선택이 가능하다.

　　PLC 위주로 사용하는 테스터기라면 아래의 테스터기의 경우 200에만 놓고 사용하면 된다. 하지만 전기 분야가 아닌 전자 분야에서는 테스터기의 저항 다이얼을 전부 사용한다.(전기 분야도 사용할 때가 있지만 많지는 않다.)
　　예를 들어, 탄소피막저항이라는 전자 부품이 있는데, 이 탄소피막저항이 20K옴(=20,000옴)일 때 테스터기의 다이얼을 200 또는 2000에 놓고 하면 테스터기가 측정을 못한다.

　　그럼, 우리는 보통 어떤 때 테스터기로 저항 측정을 할까?
아래의 테스터기의 경우는 저항값을 200에 놓고 전기선의 단선 여부를 확인할 때나, 스위치 등의 접점에 이상있는지, 히터, 모터가 단선되었는지에 많이 사용한다.
　　즉, 현장에서 자동화 설비 중 전기 고장이 의심되어 전기선 끊어짐(단선) 여부를 측정할 때는 테스터기의 저항 측정 다이얼의 수치를 최대한 낮은 쪽으로 돌려놓고 해야 한다.
　　일반적으로 전기가 통하는 것을 '도통된다' 라고 하거나 그냥 '통한다' 라고도 하는데 전기선이나 스위치 등이 문제가 있을 경우 테스터기로 저항을 찍어 보면 높은 수치의 값이 나오게 된다. 이렇게 되면 문제가 된다. 정상일 경우는 저항값이 0옴에 근접해야 한다. 테스터기가 소숫점으로 나올 경우 0.1, 0.5 이런식으로 나오면 괜찮지만 간혹 3옴, 1옴 이렇게 나올 때가 있다. 3옴, 1옴 수치 자체는 낮지만 스위치나 전기선의 경우 문제가 된다.(테스터기의 배터리가 없거나, 보정이 필요한 경우 이렇게 나올 수도 있다.)

   히터나 모터의 단선 여부를 확인할 때도 저항값을 확인하는데 모터의 경우 모터의 용량에 따라 다르지만 모터가 3상 모터일 때 전기선이 3가닥 또는 6가닥일 경우 테스터기로 이리저리 찍어 봤을 때 저항값이 일정하게 나와야 한다. 찍어 봤는데 K옴으로 나오면 모터의 코일에 문제가 있다는 것이다.(6선 모터일 경우는 선을 다 해체하고 1, 4번 2, 5번 3, 6번 이렇게 찍어 보면 된다.) 예를 들어 모터가 3상 6선의 모터인데 이상 여부를 확인할 때 1,4번 찍어봤는데 5.5옴이 나왔다. 2, 5번 찍어봤는데 비슷하게 5.4옴이 나왔다. 그럼 3, 6번도 비슷하게 5옴 정도 나와야 하는데 10옴, 1메가옴, 100옴 등등 5옴에 비슷하게 안 나온다면 100% 3, 6번 코일선에 문제가 있는 것이다.

   테스터기를 사용할 때는 사용하기 간편한 테스터기를 사용하고 자신이 AC 전압을 측정하는지 DC 전압을 측정하는지 저항을 측정하는지 확인하며 테스터기의 다이얼을 정확하게 놓고 해야 한다.

그리고 저항을 측정할 때와 단선 여부를 확인할 때는 최대한 다이얼을 낮은 저항 수치에 놓고 하고, 단선 여부를 확인할 때는 저항값이 0옴에 근접해야 한다. 그리고 저항 측정을 하기 전에 테스터기의 다리 2개를 서로 부딪혀 자신의 테스터기의 저항값이 어느 정도 오차가 있는지 확인해 본다.

아래와 같이 저항값을 200에 놓고 찍어 봤을 때 0.4옴이 나온다.
이 테스터기로 전기선을 찍어 봤을 때 0.4옴 정도가 나오면 된다.

Part 4 >>>

기초 **고급** 명령어

1 10진수의 16진수 변환

1 PLC 카드를 보면 0, 1, 2, 3, 4, 5, 6, 7, 8, 9, A, B, C, D, E, F까지 16개의 접점이 있다. 이는 16진수를 사용하였기 때문에 9 이후에는 A, B, C, D, E, F가 되는 것이다. 10진수로 해석하면 0, 1, 2, 3, 4, 5, 6, 7, 8, 9, 10, 11, 12, 13, 14, 15가 되는 것이다.

2 0, 1, 2, 3, 4, 5, 6, 7, 8, 9, A, B, C, D, E, F까지 16개를 16BIT(비트)라고 하며 1WORD(워드)라고 한다. 반대로 1WORD라 함은 16BIT라고 한다.

3 PLC의 카드(모듈)가 16접점(16BIT)이면 1WORD 카드이며, 32접점이면 2WORD 카드이다.

4 16BIT는 16진수이며 HEX라고도 한다. 이제 10진수를 HEX로 변환해 보자.
10진수 1234를 16진수로 바꾸어 보면,
1234 나누기 16=77 나머지 2
77 나누기 16=4 나머지 13
13을 16으로 나눌 수 없으므로 더 이상 나누지 않는다.

 이렇게 계산된 것을 거꾸로 읽어나가면 4, 13, 2 이렇게 된다. 이 중 13은 16진수의 D가 되므로 4D2가 된다. 즉, 10진수 1234=16진수 4D2이다.

학교에서 배운 나누기를 할 때는 아래와 같이 하지만

$$
\begin{array}{r}
77 \\
16\,\overline{\big)\ 1234} \\
112 \\
\hline
114 \\
112 \\
\hline
2
\end{array}
$$

　앞으로 우리가 해야 할 16진수의 변환은 나누기의 틀을 뒤집어서 해야 계산하기 편리하다.

5 　10진수의 9912를 16진수로 바꾸어 보자.

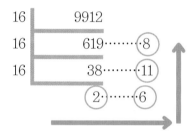

이제 이를 거꾸로 읽어 보면 2, 6, 11, 8이다.
다시 10이 넘는 숫자를 16진수로 바꾸어 주면 26B8로 표기한다.
즉, 10진수 9912＝16진수 26B8이다.

> **P**oint
>
> 　16진수 1456을 읽을 때 '천사백오십육'이라고 읽으면 안 된다. 16진수를 읽을 때는 '일사오륙'이라고 읽어야 한다.

6 　10진수를 16진수로 변환할 때 일일이 계산하면 시간이 많이 걸린다. 이를 계산기로 변환하는 방법이 있다. 첫 번째로 공학용 계산기를 사용하는 것이고, 두 번째로 컴퓨터의 윈도에서 지원해 주는 계산기를 이용하는 방법이 있다. 이 책에서는 윈도에서 지원하는 계산기를 사용하였다.

먼저 윈도의 [시작]을 눌러 [보조프로그램]의 [계산기]를 클릭하면 아래와 같이 나타난다. (현재 계산기는 윈도 VISTA 버전)

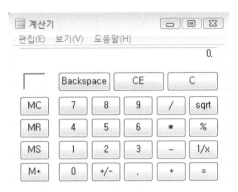

7 아래와 같이 탭에서 → [보기] → [공학용]을 차례대로 클릭한다.

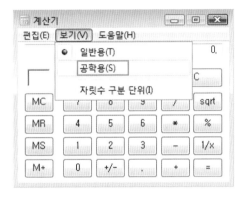

8 ⑦을 실행하면 아래와 같이 계산기가 넓어진다.
이제 아래의 표시된 부분에 숫자 9999를 입력해 보자.

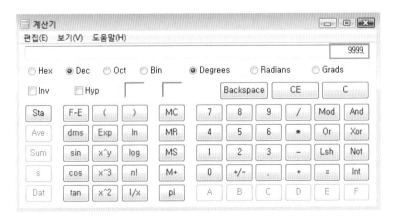

9 9999를 입력한 후 아래와 같이 [Hex] 옆의 동그라미 부분을 클릭한다.

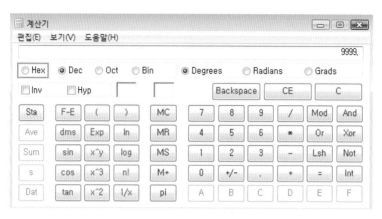

10 그럼, 10진수 숫자가 아래와 같이 16진수로 변환되어 나온다.
10진수 9999=16진수로 270F(이칠공에프)이다.

11 다시 처음부터 10진수를 16진수로 변환하려면 [Dec] 옆의 동그라미를 클릭한 후 [C]를 클릭한다.

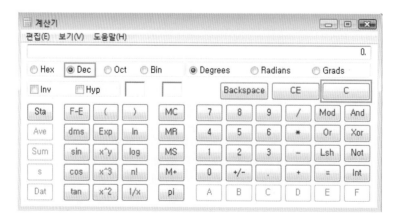

12 10진수 65535를 16진수로 변환해 보자.

13 [Hex]를 클릭해 주면 아래와 같이 FFFF가 나온다.

　10진수 65535＝16진수 FFFF이다. 이것은 외워두자.

　고급 명령어를 배우기 전에 10진수, 16진수, 2진수의 변환은 꼭 알아야 한다.
이 내용을 모르면 고급 명령어의 내용을 이해할 수 없다.

2 데이터의 ON, OFF

① PLC의 입력 카드를 순서대로 나열한다.

P00 P01 P02 P03 P04 P05 P06 P07 P08 P09 P0A P0B P0C P0D P0E P0F

이들을 다 합쳐서 16BIT(비트)가 되고 또는 1WORD(워드)라 한다. 각각 한 개씩은 1BIT가 된다.

② **이 PLC의 접점은 0일 때 OFF, 1일 때 ON이 된다.**

0이면 ON, 1이면 OFF를 2진수 동작이라고 한다.

10진수는 0~9

16진수는 0~F

2진수는 0~1의 숫자를 사용한다.

③ 다음과 같이 각각 접점에 2진수 0, 1을 대입해 보았다.

P00 P01 P02 P03 P04 P05 P06 P07 P08 P09 P0A P0B P0C P0D P0E P0F

  0   0   1   0   1   0   0   0   0   1   0   0   1   0   0   1

이를 해석해 보면 P00=0, OFF

                    P01=0, OFF

                    P02=1, ON

이런 식으로 해당 접점에 숫자 0이 들어가면 OFF, 숫자 1이 들어가면 ON이 된다.

위의 접점 중 P02, P04, P09, P0C, P0F 총 5개의 접점이 ON이 된다.

아직 이것이 무엇인지 잘 모르는 분들이 있을 것이다. 나중에 고급 명령어 중에 기본인 MOV 명령어를 공부하면 왜 이것을 이해해야 하는지 알게 될 것이다. 우선 좀 더 진수 변환에 대하여 공부해 보자.

3 2진수의 10진수 변환

1 2진수 1100을 10진수로 변환해 보자.

2진수	1	1	0	0
	2^3	2^2	2^1	2^0

우선 $2^0=1$, $2^1=2$, $2^2=4$, $2^3=8$ 이라는 것을 외우면 편리하다.

2진수

1	$8\times1=8$
1	$4\times1=4$
0	$2\times0=0$
0	$1\times0=0$

이렇게 8 4 0 0이 나오는데 이 숫자를 다 더하면 12가 된다. 즉 2진수 1100은 10진수로 12가 된다.

2진수를 10진수로 변환할 때 쉽게 하는 방법이다. 각각의 자리에는 8, 4, 2, 1이 대입된다.

1	1	1	1	← 2진수
8	4	2	1	← 10진수

이렇게 대입이 될 때 2진수가 1일 경우 해당 숫자가 대입이 되고 0일 때는 그냥 0이다. 이를 전부 더해주면 된다. 몇 가지 예제를 더 풀어보자.

2 2진수 1110을 10진수로 변환해 보자.

2진수	10진수	
1	8	
1	4	$8+4+2=14$
1	2	2진수 1110=10진수 14
0	0	

2진수 0101을 10진수로 변환해 보자.

2진수	10진수	
0	0	
1	4	$4+1=5$
0	0	2진수 0101=10진수 5
1	1	

2진수 1111을 10진수로 변환해 보자.

2진수   10진수

  1   8

  1   4   8+4+2+1=15

  1   2   2진수 1111=10진수 15

  1   1

2진수를 10진수로 변환하는 공식이다.

2진수 ABCD

$\{(2 \times 2 \times 2) \times A\} + \{(2 \times 2) \times B\} + (2 \times C) + (1 \times D)$

③ 2진수를 10진수로 변환하는 것은 많이 해 보면 누구든 할 수 있다. 하지만 이것도 힘들다면 앞서 배운 윈도의 계산기를 사용해 보자. 아래의 계산기에서 [Bin]을 눌러준다.

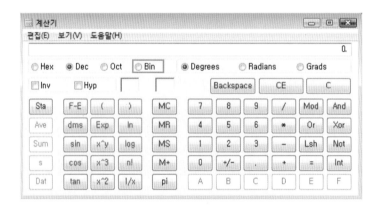

④ 2진수 1101을 입력한 후 [Dec]를 눌러준다.

5 그러면 입력창에 13이 나타난다.

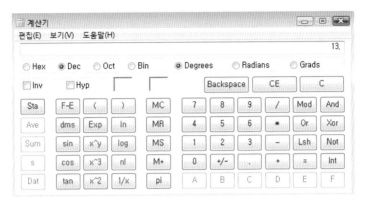

2진수	10진수	
1	8	
1	4	$8+4+1=13$
0	0	
1	1	

4 2진수 → 16진수, 16진수 → 2진수

1 2진수를 16진수로 변환하기 위해서는 2진수를 10진수로 변환해서 16진수로 다시 변환해야 한다. 하지만 이를 간단하게 바로 2진수를 16진수로 변환하는 방법이 있다. 1 0 1 0 1 0 1 0 1 0 1 0 1 0 1 0 이렇게 2진수가 **총 16개** 있다. 이를 4개씩 묶어 준다. 1 0 1 0, 1 0 1 0, 1 0 1 0, 1 0 1 0 이렇게 4개씩 묶는다.

다음은 이를 각각 앞서 배운 10진수로 변환해 본다.

2진수	10진수	
1	8	
0	0	8+2=10
1	2	10은 16진수로 바꾸면 A이다.
0	0	

1 0 1 0, 1 0 1 0, 1 0 1 0, 1 0 1 0
  A   A   A   A

2진수 1 0 1 0, 1 0 1 0, 1 0 1 0, 1 0 1 0는 16진수로 AAAA가 된다.

2 2진수 1 1 0 1 1 0 0 1 0 0 0 1 1 1 1 1을 16진수로 바꾸기 위해 4개씩 묶어 주면 1101, 1001, 0001, 1111이다.

2진수	10진수	2진수	10진수	2진수	10진수	2진수	10진수
1	8	1	8	0	0	1	8
1	4	0	0	0	0	1	4
0	0	0	0	0	0	1	2
1	1	1	1	1	1	1	1

10진수 →   13   9   1   15
16진수 →   D   9   1   F

즉 16진수는 D91F가 된다.

3 2진수 1 1 1 1 0 1 0 1 0 1 1 0 1 1 0 1을 16진수로 바꾸기 위해 4개씩 묶어 주면 1111, 0101, 0110, 1101이다.

2진수	10진수	2진수	10진수	2진수	10진수	2진수	10진수
1	8	0	0	0	0	1	8
1	4	1	4	1	4	1	4
1	2	0	0	1	2	0	0
1	1	1	1	0	0	1	1

10진수 →   15   5   6   13

16진수 →   F   5   6   D

즉 16진수는 F56D가 된다.

4 16진수 F18A를 2진수로 바꾸어 보자. 16진수 F18A를 나누어서 각각 변환한다.

- F=10진수의 15이다.

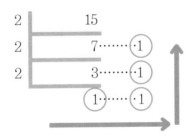

16진수 F=2진수 1111이다.

- 1=10진수의 1이다.

  이는 2진수로 0001이다. 계산할 필요없다.

- 8=10진수의 8이다.

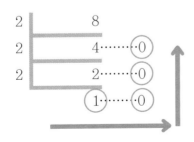

16진수 8=2진수 1000이다.

- A=10진수 10이다.

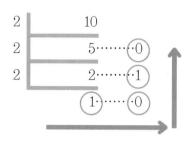

16진수 A=2진수 1010이다.

이제 계산했던 2진수를 순서대로 모아보면

F	1	8	A
1111	0001	1000	1010

2진수 1 1 1 1 0 0 0 1 1 0 0 0 1 0 1 0이 된다.

⑤ 16진수 FBA6을 윈도 계산기로 2진수로 변환해 보자.
계산기의 [Hex]를 클릭한다.

6 입력란에 FBA6을 입력한 후 [Bin]을 클릭한다.

7 아래와 같이 16진수가 2진수로 변환되어 나온다.

5 2진수와 접점

① PLC의 접점을 나열한다. **단! 거꾸로 큰 수부터 나열한다.**

P0F, P0E, P0D, P0C, P0B, P0A, P09, P08, P07, P06, P05, P04, P03, P02, P01, P00

이 접점은 16BIT, 1WORD이다.

이 접점 중 0이면 OFF, 1이면 ON이 된다고 앞에서 설명하였다.

PLC는 16진수를 보여줄 뿐이다. 실제로는 2진수인 0, 1로만 동작을 한다.

만약 PLC가 2진수로 보여준다면 숫자가 너무 길어져 우리가 해석하기 힘들어진다.

② 16진수 059F를 2진수로 변환해 보자.

16진수 →   0   5   9   F

2진수 →   0000   0101   1001   1111

이와같이 되는데 만약 이 2진수의 값을 PLC로 어떠한 명령어로 전송시키면 어떻게 될까?

먼저 접점을 거꾸로 큰 수부터 나열하고 위의 BIT값을 대입해 보자.

P0F P0E P0D P0C P0B P0A P09 P08 P07 P06 P05 P04 P03 P02 P01 P00

 0   0   0   0   0   1   0   1   1   0   0   1   1   1   1   1

이렇게 데이터가 들어가게 되면 해당 PLC의 접점은 1이 대입된 접점이 ON하게 된다. 즉, P0A, P08, P07, P04, P03, P02, P01, P00이 ON이 된다.

③ 16진수 4510을 2진수로 변환한다. 그리고 PLC에 대입한다.

16진수 →   4   5   1   0

2진수 →   0100   0101   0001   0000

P0F P0E P0D P0C P0B P0A P09 P08 P07 P06 P05 P04 P03 P02 P01 P00

 0   1   0   0   0   1   0   1   0   0   0   1   0   0   0   0

16진수 4510이 PLC로 전송이 되면 → P0E, P0A, P08, P04가 ON이 된다.

4 16진수 8329을 2진수로 변환한다. 그리고 PLC에 대입한다.

16진수 →   8   3   2   9

2진수 →   1000   0011   0010   1001

P0F	P0E	P0D	P0C	P0B	P0A	P09	P08	P07	P06	P05	P04	P03	P02	P01	P00
1	0	0	0	0	0	1	1	0	0	1	0	1	0	0	1

16진수 8329가 PLC로 전송이 되면 → P0F, P09, P08, P05, P03 P00이 ON이 된다.

6 MOV 명령

이제 고급 명령어 중 가장 기초가 되는 MOV 명령어에 대하여 알아보자.

1 먼저 순서대로 입력한다.
F3 − F0010 − 확인 − F10 − MOV H0001 P004 − 확인 − END − 확인
순서대로 입력하면 아래 그림과 같이 나온다.

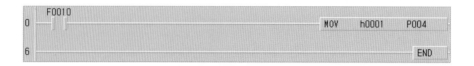

2 F0010은 처음 시작하면 한 번만 동작하는 명령어이다.
MOV 명령어는 데이터를 전송한다는 명령어이다.
h0001은 Hex 값이 1이라는 것이다.
P004는 5번째 카드이다.

[MOV h0001 P004]에서 MOV(무브) 명령어의 마지막에 들어가는 P004는 WORD
값이 들어가야 한다. 즉, 이곳에 P0025 같은 명령어가 들어가면 MOV 명령어는
PLC의 25번째 카드로 인식하기 때문에 에러가 된다.
PLC의 첫 번째 카드로 전송하려면 접점 번호를 생략한 P000이 들어가야 하고
PLC의 두 번째 카드로 전송하려면 접점 번호를 생략한 P001이 들어가야 한다. 주
의해야 한다.

3 [MOV A B] 여기 MOV 명령어에서 A구역에는 데이터 값이 들어가게 되고 B구역
에는 A 데이터 값을 보관할 장소를 지정하는 것이다. 여기 B구역에는 디바이스 P,
M, T, C, D의 디바이스를 사용할 수 있다.
초급 과정에서 배운 P004A를 나누어 보면 P 004 A와 같이 되는데, P는 입력인지

출력인지를 나타내는 것이고, 004는 몇 번째 카드인지, A는 몇 번째 접점인지를 표시하는 것이다. 004는 워드번호라고 하고 뒤의 A는 비트번호라고 한다.

앞서 설명하였듯이 MOV A B 명령어에서 B구역에는 워드번호만 들어갈 수 있다.

④ 아래의 그림을 해석해 보면, PLC가 처음 시작하자마자 h0001 데이터가 PLC **5번째 카드로** 전송된다라는 뜻이다.

접점을 거꾸로 나열한다. 그리고 Hex 값을 2진수로 변환하여 대입한다.

P0F P0E P0D P0C P0B P0A P09 P08 P07 P06 P05 P04 P03 P02 P01 P00

 0   0   0   0   0   0   0   0   0   0   0   0   0   0   0   1

PLC가 처음 시작하면 PLC의 **5번째 카드의** 0번 접점이 ON이 된다.

⑤ 아래의 그림을 해석해 보자.

16진수 76A1을 2진수로 변환한다. (Hex, 16진수 같은 개념으로 생각하면 된다.)

   7   6   A   1
 0111   0110   1010   0001

계산기를 사용하거나 직접 계산해도 된다. 자주 하다보면 8, 4, 2, 1의 대입을 활용해서 쉽게 수동으로 계산할 수 있다.

접점을 거꾸로 나열한다. 그리고 이곳에 2진수로 변환한 값을 순서대로 대입한다.

P0F P0E P0D P0C P0B P0A P09 P08 P07 P06 P05 P04 P03 P02 P01 P00

 0   1   1   1   0   1   1   0   1   0   1   0   0   0   0   1

위의 프로그램은 PLC가 시작하면 PLC의 5번째 카드의 P00, P05, P07, P09, P0A, P0C, P0D, P0E의 접점이 ON하게 되는 프로그램이다.

MOV 명령어는 자기유지 기능이 있다.

6 초급 명령어에서 PLC의 8개 접점을 동시에 ON 되게 하고 자기유지시키려면 아래 와 같이 SET 명령을 사용해도 프로그램이 길어지게 된다. 하지만 고급 명령어를 사 용하여 데이터 전송을 활용하면 프로그램이 간단하게 된다. (**5번과 6번의 프로그램 은 같은 동작을 한다.**)

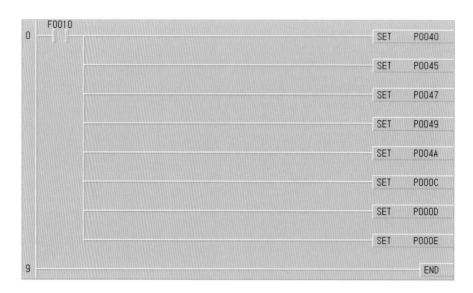

```
    F0010
0   ─┤ ├─                                              SET    P0040

                                                        SET    P0045

                                                        SET    P0047

                                                        SET    P0049

                                                        SET    P004A

                                                        SET    P000C

                                                        SET    P000D

                                                        SET    P000E

9                                                              END
```

7 아래의 프로그램을 해석해 보자.

```
    P0001
0   ─┤ ├─                                    MOV    h594D    P002

6                                                            END
```

8 우선 594D를 2진수로 변환한다.

16진수 →　　　5　　　9　　　4　　　D

2진수 →　　0101　1001　0100　1101

접점을 거꾸로 나열한 후 2진수를 대입한다.

P0F P0E P0D P0C P0B P0A P09 P08 P07 P06 P05 P04 P03 P02 P01 P00

　0　　1　　0　　1　　1　　0　　0　　1　　0　　1　　0　　1　　0　　0　　1　　1　　0　　1

위의 프로그램은 P0001이 ON 되면 h594D 데이터가 PLC의 3번째 카드로 전송되어 P0020, P0022, P0023, P0026, P0028, P002B, P002C, P002E가 ON 된다. (P000=1번째 카드, P001=2번째 카드, P002=3번째 카드)

P00010이 ON 되면 P0041, P0045, P0047, P0049, P004A, P004B, P004C, P004F가 동작하는 프로그램을 만들어 보자.

[풀이] 우선 접점을 거꾸로 나열한다. 그리고 1, 5, 7, 9, A, B, C, F가 ON이 될 수 있도록 2진수 1을 대입한다.

P0F P0E P0D P0C P0B P0A P09 P08 P07 P06 P05 P04 P03 P02 P01 P00
 1   0   0   1   1   1   1   1   0   1   0   1   0   0   1   0

2진수를 4개씩 묶어 준다. 그리고 16진수로 변환한다.

2진수 → 1001 1110 1010 0010
16진수 →   9   E   A   2

그리고 아래와 같이 프로그래밍하면 된다.

7 2진수의 덧셈

① 10진수로 1+1=2, 2+8=10이다. 10진수는 0~9까지 10개의 숫자를 사용한다.
2진수는 0~1까지 2개의 숫자만 사용한다.
그럼, 2진수 1+1은 얼마일까?

2진수의 1+1=10이 된다. 여기서 10은 숫자 십이 아니라 일, 공이다.
2진수의 제일 큰 수는 1이다. 1이 넘어가면 자리 올림이 발생하게 된다.

2진수 11+11=??

```
      1 ← 올림 자릿수          11 ← 올림 자릿수          11 ← 올림 자릿수
     11                      11                      11
+    11                 +    11                 +    11
 ─────────               ─────────               ─────────
      0                      10                      110
```

② PLC의 데이터가 1씩 증가한다고 할 때 이는 다른 말로 1씩 더해진다는 뜻이다.
PLC의 데이터는 2진수를 사용하고 우리에게 보여주는 것은 16진수라고 하였다.

	P04	P03	P02	P01	P00
+1	0	0	0	0	0
+1	0	0	0	0	1
+1	0	0	0	1	0
+1	0	0	0	1	1
+1	0	0	1	0	0
+1	0	0	1	0	1
+1	0	0	1	1	0
+1	0	0	1	1	1
+1	0	1	0	0	0
+1	0	1	0	0	1
+1	0	1	0	1	0
+1	0	1	0	1	1
+1	0	1	1	0	0
+1	0	1	1	0	1
+1	0	1	1	1	0
+1	0	1	1	1	1
	1	0	0	0	0

3 계산기를 사용하여 2진수 덧셈을 한다. 2진수 1 0 1 1 + 0 0 1 1의 계산은
계산기의 [Bin]을 선택한다.

4 입력란에 1011을 입력한 후 [+]를 클릭한다.

5 다시 입력란에 0011를 입력한 후 [Enter] 또는 [=]을 클릭한다. (실제로 입력할 때
0011은 11밖에 안 보인다.)

1011+0011=1110이 된다.

6 여기서 [Hex]를 눌러보면 바로 16진수로 변환된다.

8 데이터 레지스터리 D 사용

1 중급 과정에서 [D M0000] 명령어를 공부했다. 여기서의 D는 펄스 명령어라고 하였다.

2 아래의 그림에서 보면 D를 사용하였다. h000F의 데이터를 D0090에 전송한다는 것이다. 여기에서의 D는 펄스 명령어가 아닌 **데이터를 저장하는 공간을 말한다.**

　이렇게 D를 사용할 때는 데이터 레지스터리 명령어가 되며 단순히 데이터만 저장하고 PLC의 접점과는 상관이 없다.

3 D 명령어를 활용한 카운터이다. 아래의 그림은 PLC와 컴퓨터간 접속 상태이다. 0 스텝에서 h000F가 D0090에 저장된다. F는 10진수로 15이다.

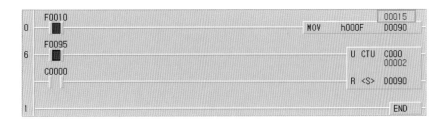

4 D0090에 000F가 저장되어 있기 때문에 6스텝의 카운터 D0090에도 000F가 되고 카운터의 **설정치는 15가 된다.**

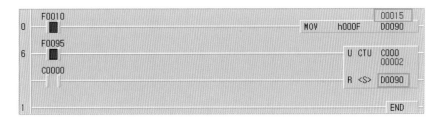

　이러한 방법을 이용하여 PLC와 컴퓨터를 연결하지 않고 카운터 설정치를 간편하게 바꿀 수 있다.

조건

P0000 : 카운터 20 설정 푸쉬버튼 스위치 1   P0001 : 카운터 90 설정 푸쉬버튼 스위치 2
P0002 : 물체 감지 센서   P0003 : 램프 OFF 스위치
P0040 : 램프

[동작] 카운터 설정 스위치 1을 누르면 카운터 설정치가 20, 스위치 2를 누르면 설정치가 90으로 바뀌는 프로그래밍을 하고 물체 감지 센서가 물체를 감지하면 카운터가 올라가고 카운터 설정치에 도달하면 램프가 동작하고 램프 OFF 스위치를 누르면 램프가 OFF 되는 프로그래밍을 해보자.

[풀이] ❶ 0스텝의 P0000이 ON 되면 h0014 값이 D0000으로 전송된다. (0014=10진수 20이다.)

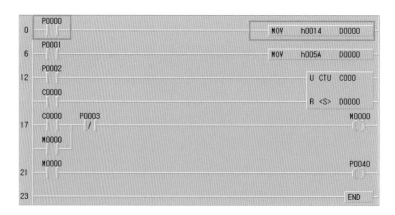

❷ D0000에 16진수 0014가 전송되면 12스텝의 D0000도 0014가 전송되어 카운터 설정치는 20으로 설정된다.

❸ 12스텝의 P0002가 ON할 때마다 카운터가 올라가며 카운터 설정치 20에 도달하면→**C0000이 ON 되고** 17스텝의 C0000이 ON 된다. 출력 M0000이 동작하여 자기유지 되면 21스텝의 P0040이 동작하게 되어 램프가 동작하게 된다. 그리고 카운터가 설정치에 도달하자마자 리셋이 동작을 하게 되어 카운터가 초기화된다.

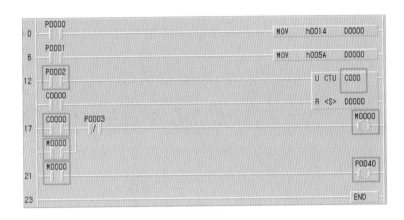

❹ 6스텝의 P0001이 ON 되면 h005A 값이 D0000으로 전송되어 12스텝의 카운터의 설정값이 90으로 바뀌게 된다.

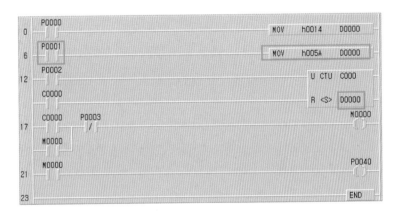

다시 P0000이 ON 되면 카운터 설정치가 20이 되고 이런 식으로 카운터의 설정치를 PLC와 컴퓨터간 연결 없이 외부에서 바꿀 수 있다. 이렇게 카운터의 설정치를 바꿀 수 있는 것을 응용해서 타이머의 설정치도 바꿀 수 있다.

9 INC 명령

① 아래와 같이 입력해 보자.

② F0092 명령어는 200ms ON/OFF이다.
INC 명령어는 데이터 1의 증가 명령어이다. F0092의 명령어에 의해서 ON할 때마다 데이터가 1씩 증가한다. INC 뒤의 P004 디바이스는 워드번호이다. INCP 명령어는 INC 명령어 뒤에 P를 추가시킨 것이다. P를 추가시키게 되면 중급 과정에서 배운 D 명령어와 같이 1스캔 동작한다고 생각하면 된다.

③ [INC P004]에서 뒤의 디바이스 번호는 꼭 워드번호여야 한다. 전에 배운 MOV 명령어같이 사용하는 것이다. 만약 [INC P0045] 이렇게 접점 번호까지 입력하게 되면 영역이 너무 커서 입력이 안 된다고 나온다. 다시 설명하지만 워드번호는 PLC 카드가 몇 번째 카드라는 것이다.

④ 위의 명령어를 사용하게 되면 F0092에 의하여 ON/OFF를 반복할 때 ON할 때마다 PLC의 5번째 카드 또는 블록형 PLC의 경우 해당 출력이 ON하게 되는데 동작하는 모양은 전에 공부한 2진수의 덧셈과 같이 동작하게 된다.

	P43	P42	P41	P40
1 ON				○
2 ON			○	
3 ON			○	○
4 ON		○		
5 ON		○		○
6 ON		○	○	
7 ON		○	○	○
8 ON	○			
9 ON	○			○
10 ON	○		○	

처음 PLC의 데이터가 0인 상태일 때는 출력 전체가 OFF 상태이지만, INC 데이터 증가 명령어에 의하여 데이터가 1씩 증가를 하여 해당 접점이 살게 되고 결국 2진수의 덧셈과 같이 동작을 하는 것이다.

⑤ INC 명령어와 INCP 명령어는 같은 동작을 하는 것이지만 조금 차이가 있다. 전에 공부한 D 명령어와 같이 1스캔에 ON하는 것인데 [INC P004] 명령어를 사용하여 실제로 동작을 해봤을 때 F0092가 200ms 동안 ON하게 되는데 이 짧은 시간에 데이터가 1씩 아주 빠른 속도로 증가하게 되어 데이터가 1증가가 아닌 수십 개가 증가하는 것처럼 보여지게 된다.

즉, INC 명령어는 그냥 데이터의 1증가 명령어가 아니라, 어떠한 신호가 ON되어 있는 **시간 동안** 데이터가 1씩 증가하는 명령어이다. INCP 명령어는 어떠한 신호가 아무리 오랫동안 살고 있어도 1스캔 동안 ON 되는 명령어이다.

⑥ 아래와 같이 P0000은 푸쉬버튼 스위치라고 할 때 스위치를 누를 때마다 P0000이 ON 되어 데이터가 1증가하여 P004 워드가 동작을 하게 된다.
하지만 스위치를 사람이 누르고 떼었을 때의 시간이 INC가 데이터를 1씩 증가시켜 주는 시간보다 느리기 때문에 손으로 스위치를 한 번 눌렀다 떼었을 때는 이미 많은 데이터가 증가된 상태가 된다.

지금까지 설명한 내용은 나중에 고급 명령어를 사용할 때 중요하다.

스위치를 손으로 한번 누를 때마다 데이터가 1씩 증가하게 동작시키려면 아래와 같이 꼭 명령어 뒤에 P를 붙여서 사용해야 한다.

10 기호 명령어 (< , > , =)

1 다음과 같이 입력해 보자.
F10→ = P003 P004→확인→F9→P0050→확인

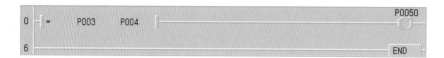

2 앞서 우리가 배운 초, 중급 명령어에서는 프로그래밍 앞열에 입력 명령어인 F3, F4와 같은 A, B접점 명령어를 사용하였지만 이번에는 앞열에 응용 명령어를 사용하였다.

3 여기서 P003과 P004는 워드번호이다. 그리고 디바이스 M, C, T 같은 것도 워드번호여야 한다.

4 아래의 명령어는 PLC 4번째 카드의 데이터와 5번째 카드의 데이터가 같으면 출력 P0050이 동작을 하는 것이다.

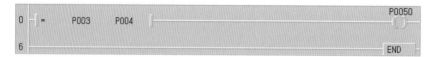

예를 들어, PLC의 4번째 카드에서 P0030, P0035, P003F 이렇게 3개가 ON인 상태일 때 PLC의 5번째 카드에서도 P0040, P0045, P004F 이렇게 3개가 ON이 되어야 동작을 하는 것이다.

P0030, P0035, P003F를 2진수로 나타내어 보면

P3F P3E P3D P3C P3B P3A P39 P38 P37 P36 P35 P34 P33 P32 P31 P30
 1 　 0 　 0 　 0 　 0 　 0 　 0 　 0 　 0 　 0 　 1 　 0 　 0 　 0 　 0 　 1

이를 4개씩 묶어보면 아래와 같이 되고 다시 16진수로 바꾸면

1000, 0000, 0010, 0001 → 2진수
 8 　 0 　 2 　 1 → 16진수

16진수 8021이 된다.

이렇게 P003 워드 데이터가 h8021일 때 P004도 h8021이어야 동작을 하는 프로그램이다.

5 이렇게 기호를 사용할 수 있다.

　이렇게 기호를 사용할 경우는 P003 데이터와 P004 데이터를 비교하여 P004 데이터가 크면 동작하는 것이다.
　예를 들어 P003 데이터가 h0001일 경우 P004 데이터가 h0002 이상이면 동작을 하는 것이다.

6 다음과 같은 경우를 살펴보자.

　P003 데이터와 P004 데이터를 비교하여 P004 데이터가 크거나 같을 경우 동작을 하는 것이다.
　예를 들어, P003 데이터가 h0005이고 P004 데이터가 h0005이거나 높을 경우 동작을 한다.

11 BSFT 명령어

1 아래의 프로그램에서 0스텝의 P0000이 살면 − MOV 명령어에 의하여 h0011 데이터가 P004에 들어가게 된다.

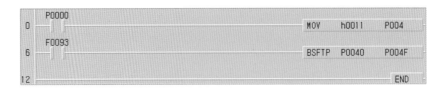

h0011을 4개로 나누고 2진수로 변환하면 다음과 같이 나온다.

16진수 → 0 0 1 1

2진수 → 0000 0000 0001 0001

아래의 접점에 2진수 데이터를 대입시켜 보면,

P4F P4E P4D P4C P4B P4A P49 P48 P47 P46 P45 P44 P43 P42 P41 P40

0 0 0 0 0 0 0 0 0 0 0 1 0 0 0 1

P0040, P0044가 ON이 된다.

2 BSFT 명령어는 [BSFT A B]일 때 A구역에서 B구역까지 데이터를 1 비트씩 이동시킨다. 여기서 1비트씩 이동시킨다는 것은 한 칸씩 이동시킨다는 것이다.

3 0스텝에서 h0011 데이터가 P004로 입력이 되어 P0040, P0044 접점이 ON 되어 있는 상태이다. 그리고 6스텝의 F0093에 의하여 ON/OFF를 반복할 때마다 BSFT 명령어에 의하여 **P0040~P004F 구역 내에 있는 데이터가 한 칸씩 이동하게 되고 P004F까지 이동한다.**

이동하는 모양이다. 아래의 사진은 PLC의 표시 램프이다.
처음 MOV 명령어에 의하여 P0040, P0044가 ON 되어 있다.

F0093에 의하여 ON되어 한 칸 이동된 상태이다.

아래의 사진을 보고 어떻게 이동되고 있는지 살펴보자.

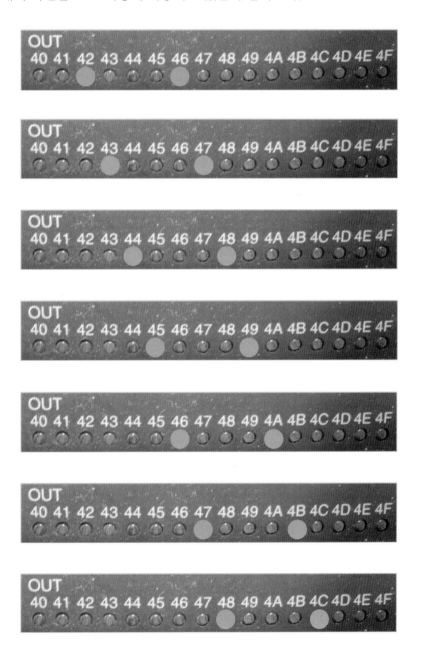

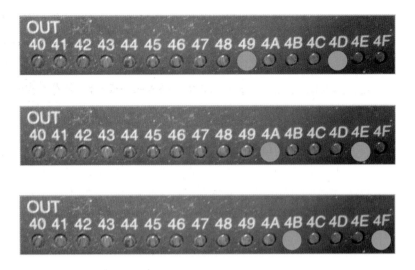

마지막 동작일 때 잘 살펴보자.

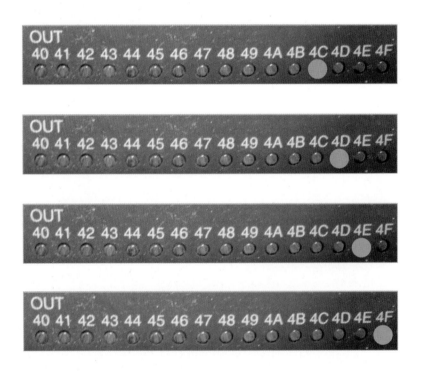

P004F를 넘어가기 때문에 표시되지 않는다.

다시 0스텝의 P0000이 ON 되면 처음부터 시작하게 된다. 그리고 BSFT 명령어에 의하여 데이터가 이동하는 도중에 0스텝의 P0000이 ON 되면 처음부터 다시 시작하게 된다.

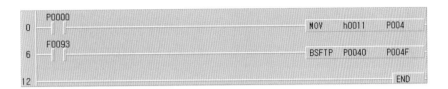

④ 아래의 프로그램에서 MOV 명령어에 의하여 P0040, P0044가 ON 된다.

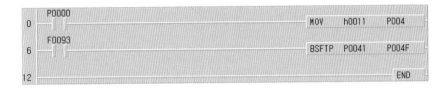

3번과 다르게 BSFT 명령어의 범위가 P0041 ~ P004F까지이다.
P0040은 BSFT 명령어 범위에 안 들어가고 P0044는 BSFT 명령어의 범위에 들어가게 된다.
다음은 그럴 경우 동작하는 그림이다.

MOV 명령어 초기 상태이다.

F0093에 의하여 ON이 되어 데이터가 이동한다.

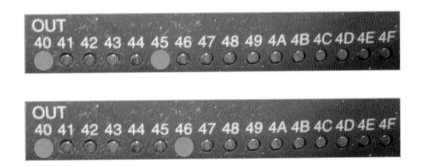

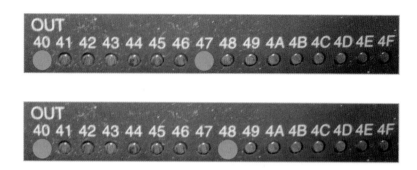

이렇게 BSFT 명령어에 의해서 포함된 데이터만 한 칸씩 이동하게 된다.

5 아래의 프로그램에서 h1100을 나누고 2진수로 변환하였다.

16진수 →   1   1   0   0

2진수 →   0001   0001   0000   0000

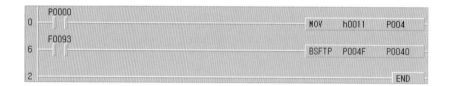

데이터를 대입한다.

P4F P4E P4D P4C P4B P4A P49 P48 P47 P46 P45 P44 P43 P42 P41 P40
 0   0   0   1   0   0   0   1   0   0   0   0   0   0   0   0

P0048, P004C 접점이 ON 된다.

F0093에 의하여 ON이 되면 데이터가 이동하게 된다.
위의 프로그램의 이동 범위는 P004F ~ P0040까지이다.

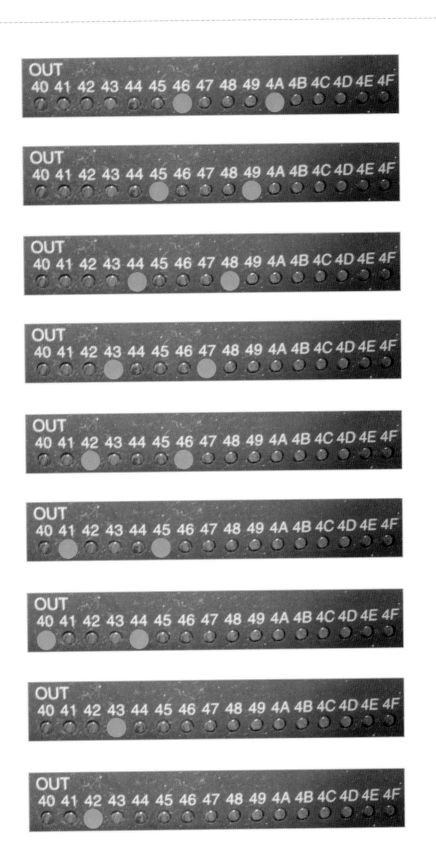

OUT
40 41 42 43 44 45 46 47 48 49 4A 4B 4C 4D 4E 4F

OUT
40 41 42 43 44 45 46 47 48 49 4A 4B 4C 4D 4E 4F

OUT
40 41 42 43 44 45 46 47 48 49 4A 4B 4C 4D 4E 4F

1 F0010은 상시 ON 명령어이다.

[CMP A B] – CMP 명령어는 A와 B를 비교하는 명령어이다.

이 CMP 명령어를 사용할 경우 같이 사용해야 할 디바이스가 있다.

F120, F121, F122, F123, F124, F125 이렇게 6가지가 있다.

F120 = A < B일 때 ON

F121 = A <= B일 때 ON

F122 = A = B일 때 ON

F123 = A > B일 때 ON

F124 = A >= B일 때 ON

F125 = A >< B일 때 ON 이렇게 6가지의 경우가 있다.

2 CMP 명령어를 활용하는 방법이다.

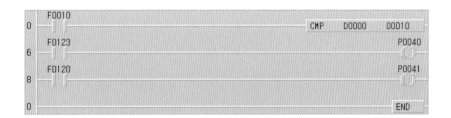

D0000의 데이터가 00010보다 크면 6스텝의 F0123이 ON 되어 출력 P0040이 동작하고, D0000의 데이터가 00010보다 작으면 8스텝의 F0120이 ON 되어 출력 P0041이 동작한다.

13 BCD 명령 (2진화 10진수)

1 10진수 52를 BCD로 변환하면 우선 10진수의 5와 2를 따로 분리한다. 그리고 각 숫자를 2진수로 변환한다.

10진수 →　　5　　　2

2진수 →　　0101　　0010

이제 이 변환된 2진수를 합치면 01010010이 BCD로 변환된 것이다.

2 BCD와 2진수의 차이를 알아보자.

52를 그냥 2진수로 변환하면 110100이다.

52를 BCD로 변환하면 01010010이다.

이와 같이 전혀 다르다는 것을 알 수 있다.

3 10진수 92를 BCD와 2진수로 변환하여 차이를 확인해 보자.

　　　　　　9　　　2

BCD →　　1001　　0001

2진수 →　　1011100

4 BCD를 사용한 명령어이다.

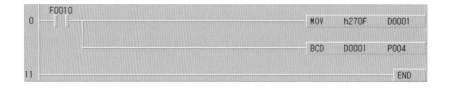

MOV 명령어에 의하여 D0001에 h270F 데이터가 들어가게 된다.

이 h270F를 10진수로 변환하면

　　2　　　　7　　　　0　　　　15

$(16^3 \times 2) + (16^2 \times 7) + (16^1 \times 0) + (1 \times 15)$

8192＋1792＋0＋15＝9999이다.(10진수)

즉, MOV 명령어에 의하여 16진수 270F 데이터가 D0001로 들어가고 이 데이터는 10진수로는 9999이다.

BCD 명령어에 의하여 D0001에 저장되어 있는 데이터 10진수 9999가 변환이 되면,

10진수   →   9   9   9   9
BCD(2진화 10진수) →   1001   1001   1001   1001

위와 같이 변환이 되고 이렇게 변환이 된 데이터는 P004로 들어가게 된다. 이때 P004는 워드번호이다.

지금은 이해가 안 가도 나중에 예제를 풀다보면 어느 정도 이해할 수 있다. 우선 변환되는 방법에 대해 숙지하도록 한다.

14 BIN 명령

① 다음은 BIN 명령어이다.

```
   F0010
0 ─┤ ├─────────────────────────────────  BIN    P004    D0005
```

[BIN A B]에서 A에 저장되어 있는 BCD 데이터를 B에 BIN데이터로 바꾸어 저장하는 것이다. (BIN=2진수)

② P004 워드에 BCD 1001 1001 1001 1001 데이터가 들어가 있을 때 이를 10진수로 변환하면,

BCD   →   1001   1001   1001   1001
10진수 →   9   9   9   9

위와 같이 9999로 변환이 되고 이를 2진수로 변환한다. 9999의 2진수는 계산기를 사용하여 계산하면 0010 0111 0000 1111이 된다. 이를 다시 **PLC에서 사람에게 보여주는 언어인 16진수**로 변환하면

2진수 →   0010   0111   0000   1111
16진수 →   2   7   0   F
270F가 된다.

③ PLC는 2진수로 계산을 하고 사람에게는 16진수로 보여준다.

④ BCD 0110 0011 1000 0010을 BIN으로 변환해 본다.
BCD   →   0110   0011   1000   0010
10진수 →   6   3   8   2

이제 10진수 6382를 2진수로 변환하면 다음과 같이 나온다.
0001   1000   1110   1110
이 2진수는 보기 어려우므로 16진수로 다시 변환하면,
2진수 →   0001   1000   1110   1110
16진수 →   1   8   E   E
위와 같이 18EE가 된다.

물탱크 수위 조절 예제

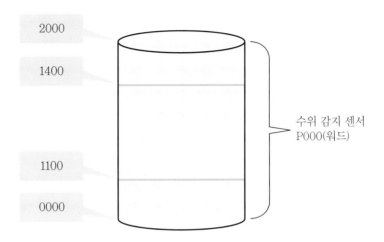

위의 물탱크에서 수위가 1100 미만일 때 펌프 P0040이 가동하여 물을 공급해 주고 수위가 1400 초과일 때 펌프가 정지하는 프로그램을 진행해 보자.

    1100 > 수위일 때, 펌프 ON

    1400 < 수위일 때, 펌프 OFF

P000 센서에서 BCD값이 바로 나온다고 가정해 보자.

복잡해 보이지만 프로그래밍해 보면 간단하다.

① 다음은 F0010은 그냥 연결된 상태이다.

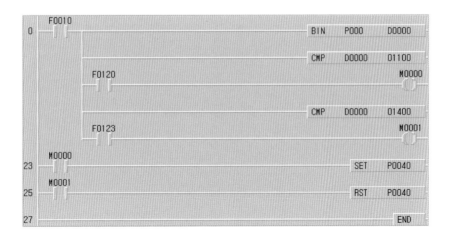

② 수위 감지 센서에 의하여 BCD 값이 PLC로 들어온다. PLC에서 읽을 수 있도록 BIN 명령어로 변환하여 준다. 그리고 변환한 데이터 값은 D0000에 저장한다.

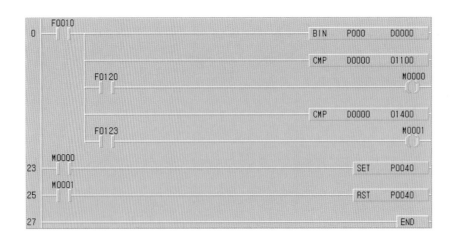

③ CMP 명령어에서 D0000에 저장된 데이터와 01100을 비교한다.
F0120 명령어는 CMP 명령어에서 A<B일 때 동작한다. 만약 물탱크의 수위가 1100보다 작으면 F0120이 동작하여 M0000이 ON 된다.

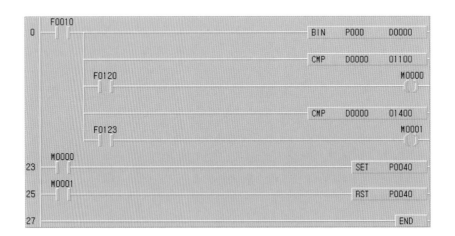

④ CMP 명령어에서 D0000에 저장된 데이터와 01400을 비교한다.
F0123 명령어는 CMP 명령어에서 A>B일 때 동작한다.
만약 물탱크의 수위가 1400보다 많으면 F0123이 동작하여 M0001이 ON 된다.

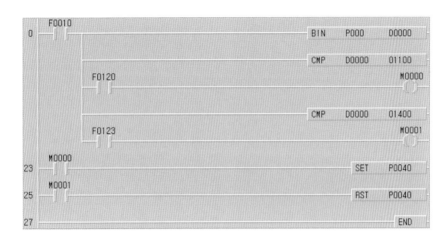

⑤ 수위가 작을 때는 F0120이 ON 되어 출력 M0000이 동작하고 23스텝의 출력
P0040이 동작하여 펌프가 가동하게 된다.

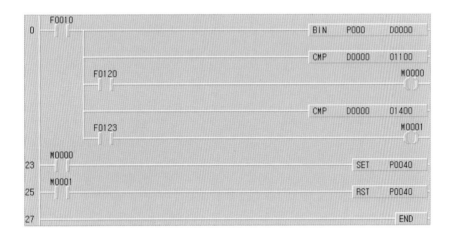

6 그리고 수위가 1400보다 높을 때는 F0123이 동작하여 25스텝의 P0040을 리셋시켜 펌프를 정지시킨다.

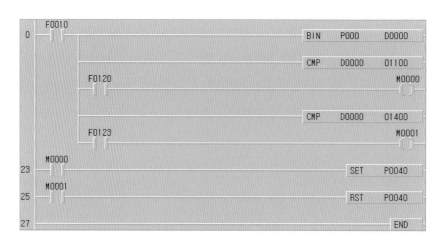

16 PLC 프로그래밍 인쇄하기

마지막으로 PLC 프로그래밍한 것을 프린터로 인쇄해 보자.

1 먼저 PLC 프로그램을 새 프로젝트로 띄운 다음에 아래와 같은 화면이 나오면 아래
그림의 표시된 부분에 원하는 문자들을 입력한 후 [확인]을 누른다.

2 PLC 프로그래밍을 완료한 후 아래와 같이 프로젝트 탭의 미리 보기를 클릭한다.

3 프로그램 인쇄 화면이 나오면 [확인]을 누른다.

④ 인쇄하기 전의 미리 보기 화면이 나온다. ①번 글에서 입력한 대로 표지가 완성된다.

⑤ 다음을 클릭하면 다음 페이지의 미리 보기 화면으로 넘어간다.

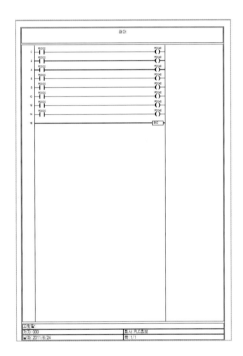

⑥ 화면 상단의 인쇄를 클릭하면 인쇄 화면으로 넘어간다.

⑦ [확인]을 클릭하면 PLC 프로그래밍한 것이 프린터기로 인쇄되어 나온다.

초보에서 실무까지

PLC 기초와 응용

2011년 7월 20일 1판 1쇄
2013년 7월 10일 1판 3쇄
2021년 1월 20일 2판 6쇄

저자 : 최선욱
펴낸이 : 이정일

펴낸곳 : 도서출판 **일진사**
www.iljinsa.com

04317 서울시 용산구 효창원로 64길 6
대표전화 : 704-1616, 팩스 : 715-3536
등록번호 : 제1979-000009호(1979.4.2)

값 **20,000원**

ISBN : 978-89-429-1403-6